信息技术
人才培养系列教材

Java Programming
Language

Java程序设计实战案例教程

王静红 刘芳 李雅莉 ● 主编　王丽 刘佳 王娟 赵丽 ● 副主编

人民邮电出版社
北京

图书在版编目（CIP）数据

Java程序设计实战案例教程 / 王静红，刘芳，李雅莉主编. -- 北京：人民邮电出版社，2021.10（2023.4重印）
信息技术人才培养系列教材
ISBN 978-7-115-57343-8

Ⅰ. ①J… Ⅱ. ①王… ②刘… ③李… Ⅲ. ①JAVA语言－程序设计－教材 Ⅳ. ①TP312.8

中国版本图书馆CIP数据核字（2021）第184732号

内 容 提 要

本书从初学者的角度出发，由浅入深地讲解 Java 的相关内容。全书共 11 章，主要介绍 Java 开发环境的配置及程序的运行机制、基本语法、面向对象编程的思想、常用 API、集合、I／O、多线程、网络编程等内容。本书采用通俗易懂的语言阐述抽象的概念，选用与生活密切相关的案例演示知识的运用，通过剖析案例、分析代码含义、解决常见问题等方式进行讲解。书中还设置了许多阶段性任务来模拟程序的开发过程，可帮助初学者培养良好的编程习惯。

本书既可作为普通高等院校计算机及相关专业的 Java 课程教材，也可作为 Java 初学者的入门读物。

◆ 主　　编　王静红　刘　芳　李雅莉
　副 主 编　王　丽　刘　佳　王　娟　赵　丽
　责任编辑　张　斌
　责任印制　王　郁　马振武

◆ 人民邮电出版社出版发行　北京市丰台区成寿寺路 11 号
　邮编　100164　电子邮件　315@ptpress.com.cn
　网址　https://www.ptpress.com.cn
　北京市艺辉印刷有限公司印刷

◆ 开本：787×1092　1/16
　印张：15　　　　　　　　2021 年 10 月第 1 版
　字数：411 千字　　　　　　2023 年 4 月北京第 4 次印刷

定价：62.00 元

读者服务热线：(010)81055256　印装质量热线：(010)81055316
反盗版热线：(010)81055315
广告经营许可证：京东市监广登字 20170147 号

前言 FOREWORD

  Java 是当今流行的一门程序设计语言，因其安全性、平台无关性、性能优异等特点，在众多语言中独树一帜。当下，Java 的发展速度惊人，从小型项目的开发到大型复杂的企业级项目的开发，随处可见 Java 的"身影"。目前，市面上关于 Java 程序设计的图书有很多，但有的偏重理论，初学者不容易上手；有的过于浅显，示例偏简单。

  本书编者多年来一直从事 Java 的教学工作，并且拥有丰富的工作经验，深知学生需求和企业要求。学生需求：教材内容不枯燥，能够快速入门，实战性强，可使自己熟悉底层原理。企业要求：学习者既要有实战技能，可以快速上手，又要"内功"扎实，熟悉底层原理。

  本书主要有以下特点。

  （1）使用当前主流版本的 JDK。

  本书中的 JDK 版本为 1.8，此版本较之前版本增加了许多新特性，如简化了代码的写法、减少了开发量等。

  （2）内容由易到难、由浅入深。

  本书从 Java 语法基础开始讲解，逐步过渡到面向对象的程序设计，并通过大量的示例讲解 Java 面向对象程序设计中的高级应用。本书内容由易到难、由浅入深、循序渐进，适合初学者阅读。

  （3）注重编程实战应用。

  本书以示例驱动模式进行知识点的讲解，注重实战应用，让读者可以边学边练，达到快速入门的目的。本书在大多数的章都精心设计有完整的实践案例，案例涉及本章主要的知识点，以强化读者的综合应用能力。

  （4）重要知识点的精炼讲解。

  本书力求通过合适的示例和简明的语言讲清楚编程的基本原理，将重要知识点进行标记并配以示例，让读者不但能够明确重点和难点，还能迅速掌握重点、突破难点。

  （5）"总结+习题+实战"。

  本书各章章末均有"本章小结""练习题""上机实战"，以方便读者学习和提高。

  本书编写分工如下：第 1 章由王静红编写，第 2 章由刘佳编写，第 3 章、第 8 章由王丽编写，第 4 章、第 9 章、第 10 章由刘芳编写，第 5 章、第 7 章由王娟、王静红编写，第

6章由刘旭、李雅莉编写，第11章由孙劼、赵丽编写。王静红、刘芳负责审稿，李雅莉、赵丽负责统稿。

尽管编者尽了最大的努力，但书中难免存在不足之处，请广大读者批评指正。

编　者

2021 年 5 月

目录 CONTENTS

第1章 初识 Java ··········· 1

- 1.1 Java 概述 ··········· 1
  - 1.1.1 什么是 Java ··········· 1
  - 1.1.2 Java 的特点 ··········· 1
- 1.2 Java 开发环境的配置 ··········· 3
  - 1.2.1 安装 JDK ··········· 3
  - 1.2.2 JDK 目录介绍 ··········· 4
  - 1.2.3 配置环境变量 ··········· 4
- 1.3 编写第一个 Java 程序 ··········· 6
- 1.4 Java 程序的运行机制 ··········· 8
- 1.5 使用 Eclipse 开发工具编写 Java 程序 ··········· 9
- 本章小结 ··········· 13
- 练习题 ··········· 13
- 上机实战 ··········· 15

第2章 Java 编程基础 ··········· 16

- 2.1 Java 的基本语法 ··········· 16
  - 2.1.1 Java 代码的基本格式 ··········· 16
  - 2.1.2 Java 中的注释 ··········· 17
  - 2.1.3 Java 中的标识符 ··········· 18
  - 2.1.4 Java 中的关键字 ··········· 18
  - 2.1.5 Java 中的分隔符 ··········· 19
- 2.2 常量与变量 ··········· 19
  - 2.2.1 常量 ··········· 19
  - 2.2.2 变量 ··········· 20
  - 2.2.3 基本数据类型 ··········· 21
  - 2.2.4 数据类型转换 ··········· 23
  - 2.2.5 变量的作用域 ··········· 25
- 2.3 表达式与运算符 ··········· 25
  - 2.3.1 表达式 ··········· 25
  - 2.3.2 运算符 ··········· 26
  - 2.3.3 键盘输入 ··········· 30
- 2.4 选择结构 ··········· 33
  - 2.4.1 if 语句 ··········· 33
  - 2.4.2 switch 语句 ··········· 36
- 2.5 循环结构 ··········· 39
  - 2.5.1 while 循环语句 ··········· 39
  - 2.5.2 do…while 循环语句 ··········· 40
  - 2.5.3 for 循环语句 ··········· 41
  - 2.5.4 循环嵌套 ··········· 42
  - 2.5.5 跳转语句 ··········· 43
- 2.6 方法 ··········· 46
  - 2.6.1 方法的概念 ··········· 46
  - 2.6.2 方法的定义 ··········· 46
  - 2.6.3 方法的调用 ··········· 47
  - 2.6.4 方法的重载 ··········· 48
- 2.7 数组 ··········· 49
  - 2.7.1 数组的概念 ··········· 49
  - 2.7.2 数组的声明及初始化 ··········· 49
  - 2.7.3 数组的常用操作 ··········· 50
  - 2.7.4 多维数组 ··········· 53
- 本章小结 ··········· 55
- 练习题 ··········· 55
- 上机实战 ··········· 56

第3章 面向对象（上） ··········· 59

- 3.1 类与对象 ··········· 59
  - 3.1.1 类与对象概述 ··········· 60

3.1.2　类的定义 ······················· 60
　　3.1.3　对象的创建与使用 ······· 60
　　3.1.4　类和对象的使用扩展 ··· 61
3.2　成员变量与局部变量 ············· 63
3.3　构造方法 ································ 64
　　3.3.1　构造方法的定义 ··········· 64
　　3.3.2　构造方法的重载 ··········· 66
3.4　包 ·· 67
　　3.4.1　声明包 ·························· 68
　　3.4.2　导入包 ·························· 68
3.5　封装 ·· 69
　　3.5.1　封装的概述 ··················· 70
　　3.5.2　类的封装 ······················ 70
　　3.5.3　this 关键字 ···················· 71
　　3.5.4　static 关键字 ················· 75
本章小结 ·· 79
练习题 ··· 79
上机实战 ·· 81

第 4 章　面向对象（下） ················· 85

4.1　类的继承 ································ 85
　　4.1.1　什么是继承 ··················· 85
　　4.1.2　如何实现继承 ··············· 86
　　4.1.3　重写父类方法 ··············· 87
4.2　方法重写 ································ 88
4.3　super 关键字 ·························· 89
4.4　final 关键字 ···························· 92
4.5　抽象类和接口 ························ 93
　　4.5.1　抽象类 ···························· 93
　　4.5.2　接口 ································ 94
4.6　多态 ·· 98
　　4.6.1　生活中的多态 ··············· 98
　　4.6.2　Java 中如何实现多态 ··· 99
　　4.6.3　类型转换 ······················ 100

　　4.6.4　类型验证关键字 instanceof ······· 101
　　4.6.5　Object 类 ······················ 102
4.7　内部类 ···································· 103
　　4.7.1　内部类的概述 ··············· 103
　　4.7.2　内部类的分类 ··············· 103
本章小结 ·· 106
练习题 ··· 106
上机实战 ·· 108

第 5 章　异常 ································· 109

5.1　异常概述 ································ 109
　　5.1.1　认识异常 ······················ 109
　　5.1.2　异常的分类 ··················· 111
5.2　异常的处理机制 ···················· 112
　　5.2.1　使用 try-catch-finally 处理
　　　　　异常 ······························· 112
　　5.2.2　使用多个 catch 语句块处理
　　　　　异常 ······························· 114
　　5.2.3　使用 throws 声明异常 ··· 116
　　5.2.4　自定义异常类 ··············· 117
本章小结 ·· 118
练习题 ··· 118
上机实战 ·· 119

第 6 章　Java API ·························· 121

6.1　String 类、StringBuffer 类和
　　 StringBuilder 类 ······················ 121
　　6.1.1　String 类初始化 ············· 121
　　6.1.2　String 类的常用方法 ····· 122
　　6.1.3　StringBuffer 类 ·············· 124
　　6.1.4　StringBuilder 类 ············· 125
6.2　System 类和 Runtime 类 ········ 126
　　6.2.1　System 类的常用方法 ··· 126
　　6.2.2　Runtime 类的常用方法 ··· 128

6.3	Math 类和 Random 类	128
6.4	处理日期、时间的类	129
	6.4.1 Date 类	129
	6.4.2 Calendar 类	130
6.5	包装类	131
本章小结		133
练习题		133
上机实战		133

第 7 章 集合框架和泛型 — 135

7.1	认识集合框架体系	135
7.2	Collection 接口	136
7.3	List 接口	136
	7.3.1 ArrayList 集合	137
	7.3.2 LinkedList 集合	138
7.4	Iterator	140
7.5	泛型	141
7.6	Set 接口	142
	7.6.1 Set 接口简介	142
	7.6.2 HashSet 集合	143
7.7	Map 接口	146
	7.7.1 Map 接口简介	146
	7.7.2 HashMap 集合	146
7.8	Collections 类	149
本章小结		152
练习题		152
上机实战		152

第 8 章 I/O — 155

8.1	I/O 流	155
	8.1.1 I/O 流的概述	155
	8.1.2 I/O 流的分类	155
8.2	字节流	155
	8.2.1 字节流的概念	155
	8.2.2 字节流读写文件	157

	8.2.3 文件的复制	160
	8.2.4 字节缓冲流	162
8.3	字符流	164
	8.3.1 字符流概述	164
	8.3.2 使用 FileReader 和 FileWriter 读写文件中的字符	165
	8.3.3 字符缓冲流 BufferedReader 和 BufferedWriter	167
	8.3.4 转换流	169
8.4	File 类	171
	8.4.1 File 类概述	171
	8.4.2 File 类的常用方法	171
	8.4.3 File 类的使用方法	172
本章小结		179
练习题		179
上机实战		181

第 9 章 数据库编程 — 183

9.1	什么是 JDBC	183
9.2	JDBC 的常用 API	184
	9.2.1 Driver 接口	184
	9.2.2 DriverManager 类	184
	9.2.3 Connection 接口	184
	9.2.4 Statement 接口	184
	9.2.5 PreparedStatement 接口	185
	9.2.6 ResultSet 接口	186
9.3	实现第一个 JDBC 程序	186
9.4	PreparedStatement 对象	190
9.5	ResultSet 对象	192
本章小结		193
练习题		194
上机实战		194

第 10 章 多线程 — 196

| 10.1 | 线程概述 | 196 |

10.1.1 什么是进程······196
10.1.2 什么是线程······197
10.2 在 Java 中实现多线程的方式······197
10.2.1 继承 Thread 类······197
10.2.2 实现 Runnable 接口······199
10.2.3 实现 Callable 接口······202
10.3 线程的生命周期······204
10.4 线程的常用方法······205
10.4.1 线程的优先级······205
10.4.2 线程活动状态判断······206
10.4.3 线程休眠······207
10.4.4 线程让步······208
10.4.5 线程插队······209
10.5 多线程同步与死锁······210
10.5.1 线程安全问题······210
10.5.2 同步······211
10.5.3 线程死锁······214
本章小结······217
练习题······218
上机实战······219

第 11 章 Java 网络编程······220

11.1 网络通信基础······220
11.1.1 网络通信的意义······220
11.1.2 IP 地址和端口号······220
11.1.3 网络通信协议······221
11.2 IP 地址的 Java 实现······222
11.2.1 java.net 包······222
11.2.2 InetAddress 类······222
11.3 UDP 通信的 Java 实现······224
11.3.1 DatagramPacket 类与 DatagramSocket 类······224
11.3.2 UDP 通信······225
11.4 TCP 通信的 Java 实现······227
11.4.1 ServerSocket 类与 Socket 类······227
11.4.2 TCP 通信······228
本章小结······229
练习题······230
上机实战······230

01 第 1 章 初识 Java

本章目标
- 了解 Java 及其特点。
- 掌握配置 Java 开发环境的方法。
- 会编写第一个 Java 程序。
- 了解 Java 程序的运行机制。
- 会使用 Eclipse 开发工具。

1.1 Java 概述

1.1.1 什么是 Java

Java 是 Sun Microsystems 公司在 1995 年推出的一门程序设计语言。它是由 Java 虚拟机（Java Virtual Machine，JVM）和 Java 应用程序接口（Application Programming Interface，API）构成的一个平台。Java 为开发人员提供了一个独立于操作系统的标准接口，该接口可分为基本模块和扩展模块两个部分。开发者只需在硬件或操作系统上安装 Java 平台，便能运行 Java 应用程序。1999 年，Java 开发团队发布了 3 个版本的平台：J2SE（Java 2 Platform, Standard Edition，Java 2 平台标准版）、J2EE（Java 2 Platform, Enterprise Edition，Java 2 平台企业版）、J2ME（Java 2 Platform, Micro Edition，Java 2 平台微型版）。2005 年，J2EE 更名为 Java EE，J2SE 更名为 Java SE，J2ME 更名为 Java ME。2009 年，Oracle 公司宣布收购 Sun Microsystems 公司，从此有关 Java 的版本维护和升级都由 Oracle 公司负责。2018 年，JDK 1.10 发布。截至本书编写完成，Java 的最新版本为 Java 14，Java 的各个版本都向下兼容，无论选择何种版本，都能满足开发者的基本开发需求。

1.1.2 Java 的特点

Java 是一门具有简单、面向对象、跨平台、解释执行、稳健、安全等特点的编程语言。下面进行简单的介绍。

1. 简单

Java 源代码的编写不受特定环境限制，可以用记事本、文本编辑器等编辑软件来实现。之后对 Java 的源文件进行编译，编译通过后可直接运行，通过调试即可获得预期结果。

2. 面向对象

面向对象是指以对象为基本粒度，包含属性和方法。通过属性来说明对象，通过方法来操作对象。面向对象使得应用程序的开发变得简单。Java 是一门面向对象的语言，也继承了面向对象的诸多好处，如代码扩展、代码复用等。

3. 跨平台

跨平台是指软件可以不受计算机硬件和操作系统的约束而正常运行。在 Java 中，JVM 实现了跨平台。Java 源代码经过编译后生成的二进制字节码是与平台无关的、可被 JVM 识别的一种机器码。JVM 中存在一个字节码到底层硬件平台及操作系统的"屏障"，使得 Java 实现了跨平台。

4. 解释执行

Java 程序在运行时会被编译成字节码文件，之后可以在有 Java 环境的操作系统上运行。在运行文件时，解释器会对这些字节码进行解释执行，执行过程中需要加入的类会在连接阶段被载入运行环境中。

5. 稳健

Java 是一门强类型语言，允许在扩展编译时检查潜在的类型不匹配问题，并且要求以显式的方法声明类型，不支持 C 风格的隐式声明。Java 的存储模型不支持指针，可以消除重写存储的可能性，使得 Java 具有可靠性。对某种类似错误的异常条件出现的信号使用 try-catch-finally 语句，我们可以找到出错的代码，简化出错处理和恢复的工作。

6. 安全

安全可以分为 4 个层面，即语言级安全、编译时安全、运行时安全、可执行代码安全。语言级安全指 Java 的数据结构是完整的对象，具有安全性。编译时要进行 Java 语言和语义的检查，以保证每个变量对应一个相应的值，编译后生成 Java 类。运行时 Java 类需要通过类加载器载入，并经字节码校验器校验通过之后才可以运行。可执行代码安全是指 Java 类在网络上使用时，可对它的权限进行设置，从而保证被访问用户的安全。

7. 可移植

平台无关性具体表现在 Java 是实现了"一次编写，随处运行"（Write Once, Run Any Where）的语言，因此采用 Java 编写的程序具有很好的可移植性，而保证这一点的正是它的虚拟机机制。引入虚拟机之后，代码在不同的平台上运行不需要重新编译。

8. 多线程

Java 是多线程的，这也是它的一大特点。线程必须由 Thread 类和它的子类来创建。Java 支持多个线程同时执行，并提供多线程之间的同步机制。任何一个线程都有自己的 run() 方法，要执行的操作就写在 run() 方法内。

9. 动态

Java 能适应变化的环境，它是动态的语言。例如，Java 中的类可根据需要载入，甚至有些可通过网络获取。

1.2　Java 开发环境的配置

1.2.1　安装 JDK

JDK 指 Java 开发工具包（Java Development Kit），是开发 Java 程序时必须安装的，JDK 里包含一部分公共 JRE。

JRE 指 Java 运行环境（Java Runtime Environment），运行已开发的 Java 程序时会用到。

Oracle 公司提供了多个 JDK 版本，开发者可根据自己计算机的操作系统选择适合的版本进行下载。不同版本 JDK 的安装步骤基本类似，下面以 Windows 10 操作系统、JDK 1.8 为例介绍 JDK 的安装步骤。

第一步：双击安装包 jdk-8u66-windows-i586.exe，如图 1-1 所示，单击【下一步】按钮。

第二步：JDK 包含开发工具（编译器、打包工具等）、源代码（基础类库）和公共 JRE，这 3 项都是默认安装的，也是 Java 开发所必需的，缺一不可。单击右侧【更改】按钮可以更改安装目录，也可以使用默认目录。如图 1-2 所示，单击【下一步】按钮。安装完 JDK 后会弹出 JRE 安装界面，同样可单击右侧【更改】按钮更改安装目录。图 1-3 所示为 JRE 安装目录，单击【下一步】按钮，即可成功安装 JRE。

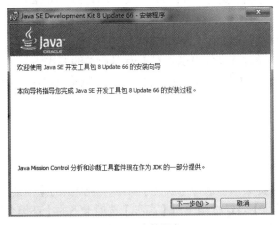

图 1-1　安装程序

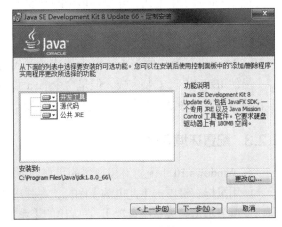

图 1-2　JDK 安装目录

第三步：完成 JDK 和 JRE 的安装后，如图 1-4 所示，单击【关闭】按钮即可。

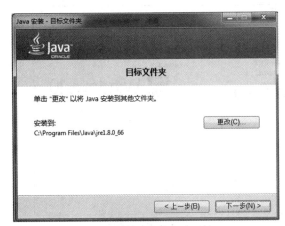

图 1-3　JRE 安装目录

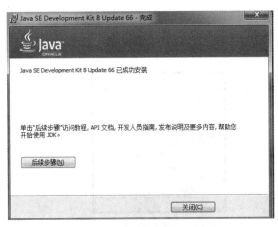

图 1-4　JDK 和 JRE 安装成功

1.2.2 JDK 目录介绍

JDK 安装成功之后，硬盘上会生成一个目录，即 JDK 安装目录，目录中的内容如图 1-5 所示。

要想更好地了解 JDK，必须对 JDK 安装目录下的各个子目录进行详细了解。下面对 JDK 部分子目录进行介绍。

（1）bin 目录：存放了 JDK 开发工具的可执行文件。这些可执行文件都是二进制的，其中包括编译器、解释器以及其他工具和命令，如使用 javac、java 命令。

（2）db 目录：是一个小型的数据库。从 JDK 6.0 开始，Java 中引入了一个新的成员 Java DB，这是一个纯 Java 实现、开源的数据库管理系统。该目录中存放了安装 Java DB 的路径。

图 1-5 JDK 安装目录中的内容

（3）include 目录：供 C 语言使用的标题文件，其中 C 语言的头文件支持 Java 本地接口和 JVM 调试程序接口的本地编程技术。

（4）jre 目录：即 JRE 的根目录，包含 JVM、运行时的类包、Java 应用启动器和一个 bin 目录，但是这个 bin 目录中不包含开发环境中的开发工具的可执行文件。bin 目录下安装的是运行 Java 程序所必需的 JRE 相关的文件。

（5）lib 目录：存放的是 Java 类库或库文件。库文件是开发工具使用的归档包文件。

（6）src.zip：存放的是 Java 核心类库的源代码，通过该文件可以查看 Java 基础类的源代码。

虽然 JDK 1.8 已安装完成，但是命令 java 和 javac 不能使用，因为它们并没有在默认路径中，所以若要使用这些命令，我们就需要配置环境变量。

1.2.3 配置环境变量

在 Windows 10 下配置环境变量的步骤如下。

使用鼠标右键单击【此电脑】图标，在弹出的快捷菜单中选择【属性】命令，在弹出的【系统】窗口左侧单击【高级系统设置】，在弹出的【系统属性】对话框中单击【高级】选项卡下的【环境变量】按钮，将弹出【环境变量】对话框，在【系统变量】栏中进行环境变量的配置，如图 1-6~图 1-9 所示。如果存在环境变量 Path、CLASS_PATH，直接编辑即可，否则需要新建。

图 1-6 选择【属性】命令

图 1-7 【系统】窗口

第1章 初识 Java

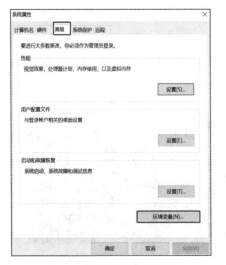

图 1-8 【系统属性】对话框

图 1-9 【环境变量】对话框

（1）在打开的【环境变量】对话框中配置 JAVA_HOME 环境变量，变量值为 JDK 的安装目录，本书中 JDK 的安装目录是 C:\Program Files\Java\jdk1.8.0_66，如图 1-10 所示。因为很多开源软件依赖这个变量，所以配置完后可使用该变量寻找机器上的 Java 环境（如 Tomcat）。

（2）在 Path 变量值中追加 java 命令的目录，本书中安装目录是%JAVA_HOME%\bin，如图 1-11 所示，配置完之后能够在命令行中直接使用 JDK 提供的命令，如 java、javac。

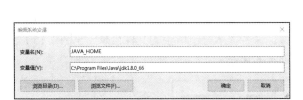

图 1-10 JAVA_HOME 环境变量配置　　　　　图 1-11 Path 环境变量配置

（3）CLASSPATH 变量的变量值是.;%JAVA_HOME%\lib\dt.jar;%JAVA_HOME%\lib\tools.jar（注意最前面的.代表当前目录），如图 1-12 所示。

图 1-12 CLASSPATH 环境变量配置

测试环境变量配置是否成功的步骤如下。

① 【开始】→【运行】，输入 cmd 命令并按【Enter】键。

② 在命令提示符窗口中执行命令 javac、java-version，若出现图 1-13 和图 1-14 所示的信息，则说明环境变量配置成功。

图 1-13　环境变量配置成功

图 1-14　查看 JDK 版本

1.3　编写第一个 Java 程序

环境变量配置成功之后，我们开始用记事本编写第一个 Java 程序，程序结果显示为"Hello World!"。操作步骤如下。

（1）在桌面上新建一个文本文档，名字为 HelloWorld，扩展名为.java（注意：如果未显示扩展名，双击【此电脑】，选择【文件】→【更改文件夹和搜索选项】，在弹出的【文件夹选项】对话框中选择【查看】，在【高级设置】栏中取消勾选【隐藏已知文件类型的扩展名】，即可显示扩展名）。Java 文件内容如下。

```java
public class HelloWorld{
public static void main(String[]args){
System.out.println("Hello World!");
}
}
```

（2）Java 程序的编译和运行。

javac 是用于编译 Java 源代码的命令，可将.java 文件转换为二进制.class 文件。java 是用于运行.class 文件的命令。运行 HelloWorld.java 文件，保证命令提示符窗口中的文件目录（见图 1-15）和 Java 源代码所在的目录相同，否则会提示找不到 class 的错误。

图 1-15　文件目录

调用编译命令 javac 把 HelloWorld.java 转换为字节码文件 HelloWorld.class。执行命令：
```
javac HelloWorld.java
```
执行命令后并没有提示信息，如图 1-16 所示。但这时检查目录就会发现多了一个 .class 文件，这就是字节码文件。如果提示错误信息就要重新检查。首先检查 JDK 环境变量是否配置好，然后检查类名和文件名是否一致，再检查代码是否输入准确等。

将程序转换为 .class 文件后就可以在 JVM 下运行了。如图 1-17 所示，在命令提示符窗口中输入命令：
```
java HelloWorld
```
按【Enter】键后输出：
```
Hello World!
```
注意，这时实际上运行的是 HelloWorld.class，但是在命令中并不用加扩展名。

图 1-16　编译命令 javac

图 1-17　运行命令 java

小技巧

Java 区分大小写，一定要注意字母的大小写。

（1）public class HelloWorld

public：类修饰符，表示可以公开访问。

class：类标识符，表示这是一个类。

HelloWorld：类名，需要和文件名（HelloWorld）一致。

类体：以"{"标记类体开始，以"}"标记结束。

```
public class HelloWorld{
    ...
}
```

（2）main()方法

main()方法是 Java 程序的入口，Java 程序运行时，从这个方法开始运行。main()方法的组成如下。

public：类修饰符，表示可以公开访问。

static：静态标识，表示是静态方法。

void：返回值类型，表示不返回任何值。

main：方法名。

String[ ]args：方法参数，以"["标记方法参数开始，以"]"标记结束。

方法体：以"{"标记方法体开始，以"}"标记结束。

```
public static void main(String[]args){
    ...
}
```

（3）输出语句 System.out.println()

方法体中语句以;结尾，作用是调用系统类 System 的标准输出对象 out 的方法。println()的作用是输出一行字符串。

1.4 Java 程序的运行机制

运行 Java 程序时，需要了解 Java 程序的运行机制。程序运行时，要经过编译和解释运行。首先编译扩展名为.java 的源文件，生成扩展名为.class 的字节码文件。然后，JVM 解释运行字节码。最后，显示运行结果。

1. JDK、JRE、JVM 三者之间的关系

JDK 是整个 Java 开发的核心，它集成了 JRE 和一些工具，例如 javac.exe、java.exe、jar.exe 等。

JRE 主要包含两个部分：JVM 的标准实现和 Java 的一些基本类库。

JVM 只执行.class 类型的文件，识别.class 文件中的字节码指令并调用操作系统上的 API 完成操作。所以 JVM 是 Java 能够跨平台的关键所在。

JDK、JRE、JVM 三者之间的关系如图 1-18 所示。

2. JVM 加载.class 文件的原理和步骤

JVM 加载.class 文件的原理如图 1-19 所示。

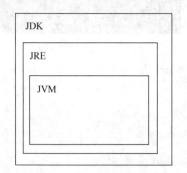

图 1-18 JDK、JRE、JVM 三者之间的关系

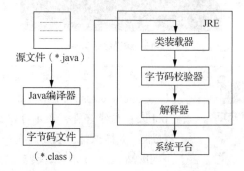

图 1-19 JVM 加载.class 文件的原理

其加载步骤如下。

第一步：使用记事本编写源程序。Java 源程序的扩展名是.java。

第二步：编译源程序。源程序编写完成后，需要编译器把源文件编译为与所使用平台无关的.class 文件，也就是字节码文件。

第三步：在系统平台中运行.class 文件，即可获得运行结果。

3. Java 的跨平台实现

如图 1-20 所示，编译之后字节码文件可以在多个平台上运行，因为 JVM 的存在，平台能够读取并处理字节码文件。这就体现了 Java 程序"一次编写，随处运行"的特点，可以有效解决程序语言在不同操作系统编译时产生不同机器代码的问题，大大降低了程序开发和维护的成本。Java 程序通过 JVM 可以实现跨平台，但是 JVM 并不是跨平台的，不同操作系统中 JVM 也是不相同的。

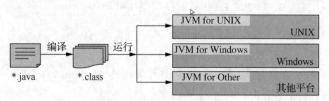

图 1-20 不同版本的 JVM

1.5 使用 Eclipse 开发工具编写 Java 程序

在实际项目开发中，使用记事本编写代码的速度太慢，也不容易纠错，所以程序员很少用它进行代码开发。为了提高开发效率，可在开发过程中使用集成开发环境（Integrated-Development Environment，IDE）进行程序开发。在 Java 开发环境中，可与其搭配使用的工具有很多，本节以 Eclipse 工具为例进行介绍。Eclipse 是由 IBM 公司开发的 IDE，它是开源、免费的，是基于 Java 的可扩展开发平台。Eclipse 提供了丰富的插件和友好的编辑界面，资源占用比较少，速度比较快，可以帮助开发人员完成语法修改、代码修正、信息提示等编码工作，是开发人员常用的 Java 开发工具。

使用 Eclipse 编写 Java 程序的步骤如下。

1. 第一步：下载及启动

下载 Eclipse 之后对安装包进行解压，双击进入解压后的文件夹，便可以看到 Eclipse.exe 程序。双击运行 Eclipse.exe 程序，会出现选择工作空间的界面，默认在 C 盘中，若想要更改，单击右侧的【Browse】按钮可以进行更改，完成之后单击【Launch】按钮，等待 Eclipse 的运行，如图 1-21 所示。完成之后，会在刚才选择的工作空间目录下生成.matadata 文件夹。该文件夹中包含一些工作空间的配置文件，如图 1-22 所示。

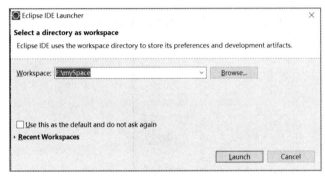

图 1-21　选择 Eclipse 工作空间

图 1-22　.matadata 文件夹

Eclipse 运行成功之后，会出现图 1-23 所示的欢迎界面。关闭欢迎界面，会出现图 1-24 所示的初始界面。

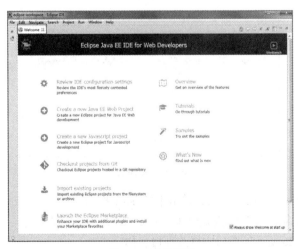

图 1-23　欢迎界面

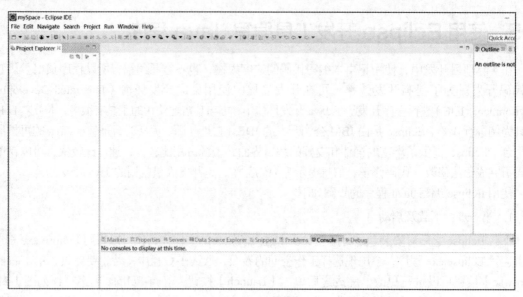

图 1-24　初始界面

2. 第二步：编写 HelloWorld 程序并运行

在菜单栏中单击【File】，选择【New】→【Java Project】，会出现图 1-25 所示的界面。

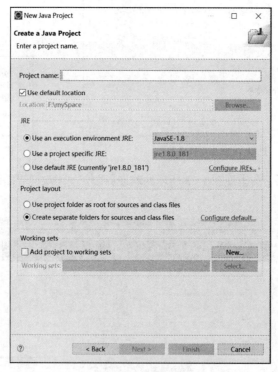

图 1-25　新建项目

输入项目名称（Project name）之后，单击【Finish】按钮即可。

若想对项目进行重命名，在包资源管理器中右击项目，在弹出的菜单中选择【Refactor】→【Rename】，即可在图 1-26 所示的窗口中修改项目名称。

完成之后，在 Project Explorer 中会出现该项目，该项目里面有 .src 文件。右击 .src 文件，在弹出的菜单中选择【New】→【Package】，在弹出的窗口中可进行包的命名，完成之后单击【Finish】按钮，如图 1-27 所示。

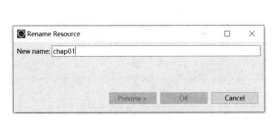

图 1-26　修改项目名称

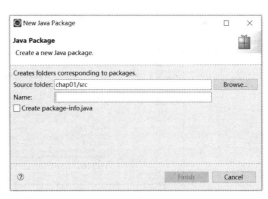

图 1-27　新建包名称

此时，.src 目录下会出现 chap01 包，右击该包，在弹出的菜单中选择【New】→【Class】，在弹出的窗口中对类进行命名，完成后单击【Finish】按钮，如图 1-28 所示。

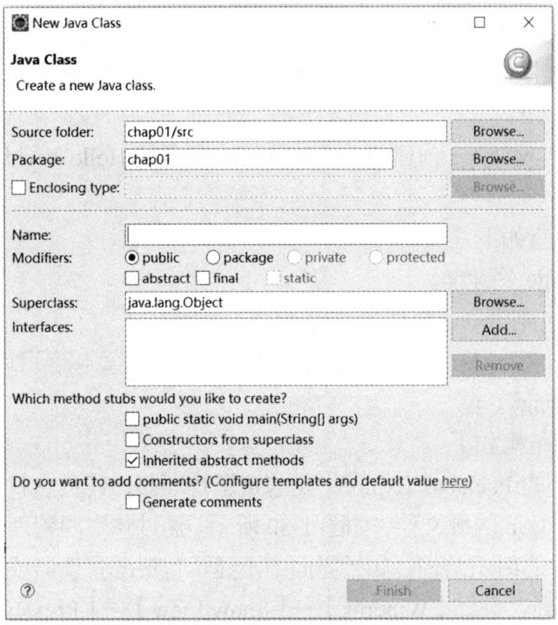

图 1-28　新建类

成功地创建 Java 类后，编辑器会自动打开创建的类的视图。我们即将在 Eclipse 中运行的代码如下。

```
public class HelloWorld{
public static void main(String[]args){
System.out.println("Hello World!");
}
}
```

单击【运行】按钮或右击 .java 文件之后选择【Run As】→【Java Application】，控制台窗口中会输出程序运行结果。至此，Eclipse 的下载、启动及第一个代码的编写和运行就完成了，运行效果如图 1-29 所示。

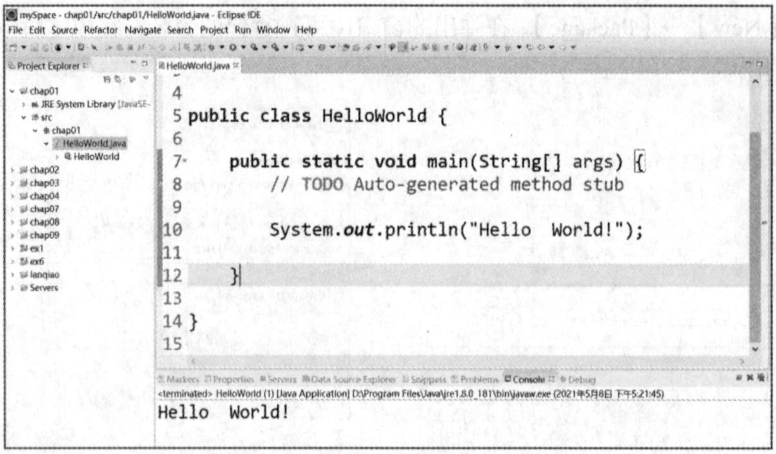

图 1-29 运行效果

代码视图中第一行代码"package chap01"表示创建的包。Java 是以项目方式管理代码的，一个 Java 项目可以管理几十个甚至更多的类文件，不同功能的类文件被组织到不同的包中。包类似文件系统中的文件夹，它允许类组成较小的类文件夹，易于找到和使用相应的文件。

与文件夹一样，包也采用树形目录的存储方式。同一个包中类名应该是不同的，不同包中类名可以相同，当同时调用两个不同的包中相同类名的类时，应该加上包名加以区别。因此，使用包可以避免类名冲突。

可在 Java 中用关键字 package 创建包，HelloWorld 项目的 HelloWorld.java 文件中给出了包创建代码样例。

（1）创建包时需要注意如下几点。

① 创建包时用 package 关键字。

② 如果有包声明，包声明一定要作为源代码的第一行。

③ 包的名称一般为小写，其名称要有意义。例如，数学计算包名可以命名为"math"；再如，绘图包可以命名为"drawing"。

（2）Java 项目的组织结构如下。

Eclipse 视图中最左侧的 Package Explorer 是包资源管理器，其实它就是一个文件夹，用来组织 Java 的源文件，如图 1-30 所示。通过包资源管理器，可以查看 Java 源文件的组织结构。如果界面中不显示包资源管理器或者其无意间被关闭，可以通过选择【Window】→【Show View】→【Project Explorer】打开。

图 1-30 包资源管理器

通过选择菜单栏中的【Window】→【Show View】→【Navigator】可以打开导航器视图，将项目中包含的文件及层次关系都展示出来。src 目录中存放的是 .java 源文件。

小技巧

代码视图和控制台视图中默认字体太小时，可以通过【Window】进行设置，设置方法是选择【Window】→【Preferences】→【General】→【Appearance】→【Colors and Fonts】。如果要设置代码视图字体，接下来的操作是选择【Basic】→【Text Font】，设置控制台视图字体的操作是选择【Debug】→【Console font】之后单击右侧的【Edit】按钮，便可以设置字体、字形、字号大小，单击【确定】按钮完成设置，如图 1-31 和图 1-32 所示。

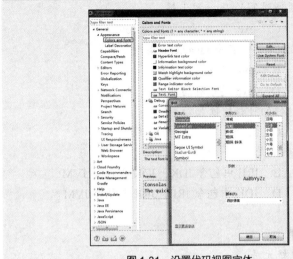

图 1-31　设置代码视图字体

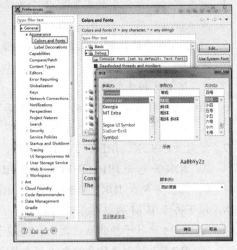

图 1-32　设置控制台视图字体

本章小结

本章首先介绍了什么是 Java 及 Java 的特点，之后介绍了 Windows 10 操作系统下的 JDK 目录和配置环境变量的方法，并编写了一个 Java 程序，介绍了 Java 程序的运行机制；接下来讲解了 Eclipse 开发工具，详细介绍了该工具的下载、安装、界面及如何实现程序的编写，包括创建包的知识点；最后介绍了 Java 项目的组织结构。希望通过本章的学习，读者能够对 Java 有一个大概的了解和认识。本章的重点是 Java 开发环境的配置及使用 Eclipse 开发应用程序。

练习题

一、判断题

1. Java 不区分大小写。（　　）
2. Java 程序源文件的扩展名为 .class。（　　）
3. Java 程序中都含有 main() 方法，因为它是所有 Java 程序执行的入口。（　　）
4. Java 程序可以运行在任何操作系统上，只要有对应操作系统的 JVM。（　　）
5. Java 程序的源文件名应该与主类名保持一致。（　　）
6. 用 javac 命令编译 Java 源文件后得到的代码叫字节码。（　　）

二、选择题

1. Java 程序源文件的扩展名为（　　）。
   A．.class　　　　　B．.java　　　　　C．.javac　　　　　D．.source
2. Java 是（　　）公司创立的。
   A．Apple　　　　　B．IBM　　　　　C．Microsoft　　　　D．Sun Microsystems
3. Java 运行环境只能识别出（　　）文件。
   A．.java　　　　　B．.jre　　　　　　C．.exe　　　　　　D．.class

4. 扩展名为（　　）的文件可以存储程序员所编写的 Java 源代码。
   A. .java　　　　B. .class　　　　C. .exe　　　　D. .jre
5. 在 Java 程序的执行过程中会用到一套 JDK 工具，其中 javac.exe 指（　　）。
   A. Java 编译器　　　　　　　　　B. Java 字节码解释器
   C. Java 文档生成器　　　　　　　D. Java 类分解器
6. Java 类库具有（　　）的特点，保证了软件的可移植性。
   A. 跨平台　　　B. 稳健　　　C. 安全　　　D. 简单
7. 下列关于 JDK、JRE 和 JVM 的描述，正确的是（　　）。
   A. JDK 中包含 JRE，JVM 中包含 JRE　　B. JRE 中包含 JDK，JDK 中包含 JVM
   C. JRE 中包含 JDK，JVM 中包含 JRE　　D. JDK 中包含 JRE，JRE 中包含 JVM
8. 以下关于 JVM 的叙述正确的是（　　）。
   A. JVM 运行于操作系统之上，依赖于操作系统
   B. JVM 运行于操作系统之上，与操作系统无关
   C. JVM 支持 Java 程序运行，不能够直接运行 Java 字节码文件
   D. JVM 支持 Java 程序运行，能够直接运行 Java 源文件
9. （　　）不是 JDK 所包含的内容。
   A. Java 编程语言　　　　　　　　B. 工具及工具的 API
   C. Java EE 扩展 API　　　　　　 D. JVM
10. 以下关于支持 Java 运行平台的叙述，错误的是（　　）。
    A. Java 可在 Solaris 平台上运行
    B. Java 可在 Windows 平台上运行
    C. Java 与平台无关。Java 程序的运行结果依赖于操作系统
    D. Java 与平台无关。Java 程序的运行结果与操作系统无关
11. CLASSPATH 中的"."的含义是（　　）。
    A. 省略号　　　B. 当前目录　　　C. 所有目录　　　D. 上级目录
12. 在 Java 中，源文件 demo.java 中包含如下代码，则程序编译运行的结果是（　　）。
```
class demo{
public static void main(String[]args){
 System.out.println("Java");
}
}
```
    A. 输出：java　　　　　　　　　B. 没有任何内容输出
    C. 输出：Java　　　　　　　　　D. 编译出错，提示"无法解析 system"

三、填空题

1. 1995 年 5 月，_____的推出标志着 Java 正式诞生。
2. 程序代码经过编译之后转换为一种称为 Java 字节码的中间语言，_____将对字节码进行解释和运行。
3. 编译后的字节码采用一种针对 JVM 优化过的_____形式保存，JVM 将字节码解释为_____然后在计算机上运行。
4. Java 语法规则和 C++ 类似。从某种意义上讲，Java 由_____和_____语言转变而来，所以 C++ 程序设计人员可以很容易掌握 Java 的语法。

5. Java 对 C++进行了简化和提高，例如，Java 使用_____取代了多继承，并取消了指针，因为_____和_____通常会使程序变得复杂。

上机实战

实战 1-1　编写 Java 程序显示个人基本信息

? 需求说明

编写 Java 程序，显示个人基本信息，分别使用记事本和 Eclipse 实现。

? 实现思路

使用记事本实现思路如下。
（1）在任意路径新建文件夹 personal。
（2）在 personal 文件夹中新建文本文档，修改扩展名为.java，文件名为 information。
（3）编写类 public class information{ }。
（4）编写主方法 public static void main(String[]args){ }。
（5）编写输出语句 System.out.println("　"); 。

使用 Eclipse 的实现方式同记事本相同，此处不再赘述。

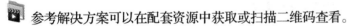 参考解决方案可以在配套资源中获取或扫描二维码查看。

实战 1-1 参考解决方案

第 2 章　Java 编程基础

本章目标
- 熟悉 Java 的基本语法。
- 掌握常量与变量的定义和使用方法。
- 掌握基本数据类型的操作方法。
- 掌握运算符的使用方法。
- 掌握流程控制语句的使用方法。
- 掌握方法的定义与使用方法。
- 掌握数组的定义与使用方法。

2.1　Java 的基本语法

每一种编程语言都有一套自己的语法规范，Java 同样需要遵从一定的语法规范，如代码的书写、标识符的定义、关键字的应用等。因此要学好 Java 就要先熟悉它的基本语法。

2.1.1　Java 代码的基本格式

Java 中的程序代码必须放在一个类中定义，初学者可以简单地把类理解为一个 Java 程序。类需要使用 class 关键字来定义，class 前面可以有一些修饰符，具体格式如下：

```
修饰符 class 类名{
    程序代码
}
```

在编写代码时要注意以下几点。

（1）Java 中的程序代码可分为结构定义语句和功能执行语句。其中，结构定义语句用于声明类或方法，功能执行语句用于实现具体的功能。每条功能执行语句的结尾都必须用分号（;）标识。举个例子：

```
System.out.println("这是第一个 Java 程序!");
```

（2）Java 严格区分大小写。例如，class 与 Class、helloworld 与 HelloWorld 的意义是完全不同的。

（3）编写代码时，养成良好的排版习惯，能增强代码的可读性。

（4）Java 中一个连续的字符串不能分为两行书写，除非分为两个字符串，用"+"将其连接。例如，下面这条语句在编译时会出错：

```
System.out.println("这是第一个
Java 程序");
```

为了便于阅读，若想将一个太长的字符串分为两行书写，可以先将这个字符串分成两个子字符串，然后用"+"将这两个子字符串连起来，在"+"处断行。上面的语句可以修改成如下格式：

```
System.out.println("这是第一个" +
"Java 程序");
```

小提示　　在程序中不要将英文的分号（;）误写成中文的分号（；）。如果写成了中文的分号，编译器会报告"Invalid character"（无效字符）这样的错误信息。

2.1.2　Java 中的注释

注释是对程序语言的说明，有助于开发者和用户之间的交流，方便理解程序。注释不是编程语句，因此会被编译器忽略。

Java 支持以下 3 种注释方式。

1．单行注释

单行注释以双斜杠"//"标识，只能注释当前行内容，用在注释信息较少的地方，如图 2-1 所示。单行注释书写方便，所以最为常用。

2．多行注释

多行注释以"/*"和"*/"标识，可以注释多行内容。为了使程序的可读性比较好，一般首行和尾行不写注释信息，如图 2-2 所示。

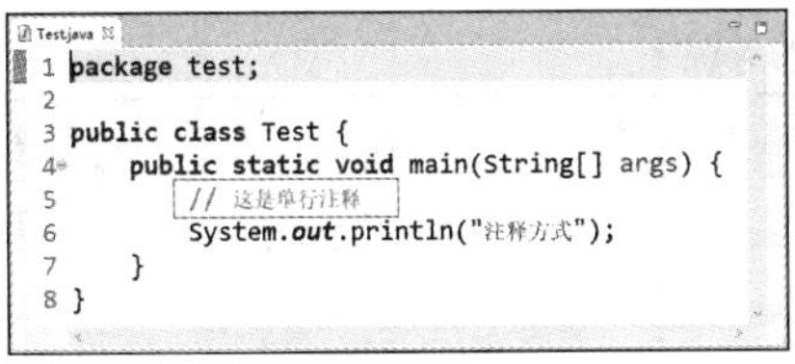

图 2-1　单行注释　　　　　　　图 2-2　多行注释

3．文档注释

文档注释以"/**"和"*/"标识，一般用在类、方法和变量上方，用来描述其作用，如图 2-3 所示。文档注释可以使用 Javadoc 工具提取出来，并生成 HTML 帮助文件。

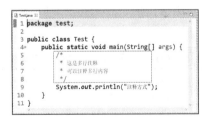

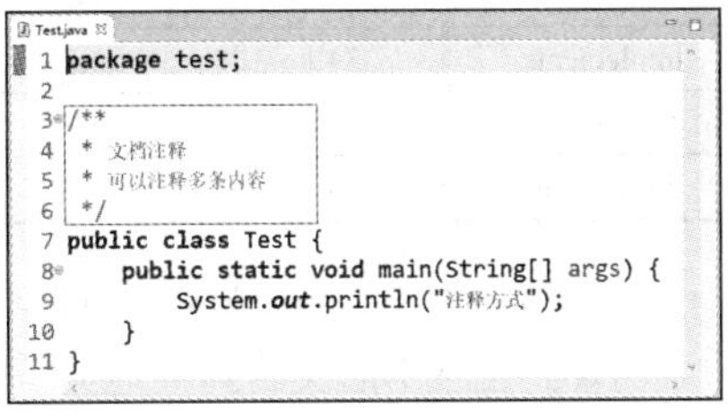

图 2-3　文档注释

2.1.3 Java 中的标识符

Java 中所有的变量、方法、类和对象等被处理的数据都是要有名称的,标识符就是赋予它们名称的符号。

在 Java 中,对用户自定义标识符的规定如下。

(1)标识符是由字母(A～Z 或者 a～z)、数字、下画线(_)或美元符号($)构成,并且开头不能是数字的一个字符序列。

(2)标识符区分大小写。大写、小写字母被认为是不同的字符。

(3)标识符没有长度限制,可以为任意长度。

(4)标识符不能和关键字相同,但是它可以包含关键字,作为它的一部分。

合法标识符举例:win10、hello、Number、User_name、$salary 等。

非法标识符举例:123abc、room#、#class、this、class、No-1 等。

除了上面列出的规定,为了增强代码的可读性,建议初学者在定义标识符时遵循以下规定。

(1)包名中所有字母一律小写。例如 package1。

(2)类名和接口名中每个单词的首字母都大写。例如 MyArrayTest。

(3)常量名中所有字母都大写,单词之间用下画线连接。例如 DAY_OF_MONTH。

(4)变量名和方法名的第一个单词首字母小写,从第二个单词开始,每个单词首字母大写。例如 getUserName。

(5)在程序中应该尽量做到"见名知意",使程序便于阅读。例如使用 userName 表示用户名,使用 password 表示密码。

2.1.4 Java 中的关键字

关键字是指 Java 本身使用的特殊标识符,具有专门的意义和用途,不能当作用户自定义的标识符使用。表 2-1 所示为在 Java 中使用的关键字。

表 2–1 在 Java 中使用的关键字

序号	关键字	序号	关键字	序号	关键字	序号	关键字
1	abstract	13	double	25	int	37	strictfp
2	assert	14	else	26	interface	38	super
3	boolean	15	enum	27	long	39	switch
4	break	16	extends	28	native	40	synchronized
5	byte	17	final	29	new	41	this
6	case	18	finally	30	package	42	throw
7	catch	19	float	31	private	43	throws
8	char	20	for	32	protected	44	transient
9	class	21	if	33	public	45	try
10	continue	22	implements	34	return	46	void
11	default	23	import	35	short	47	volatile
12	do	24	instanceof	36	static	48	while

表 2-1 列举的每个关键字都有特殊的作用,例如 package 关键字用于包的声明、import 关键字用于引入包、class 关键字用于类的声明等。在本书后文将对其他关键字进行讲解,在此没有必要对所有关键字进行记忆,只需要了解即可。

2.1.5　Java 中的分隔符

分隔符也是 Java 编程语言中不可缺少的内容，用来分隔和组合标识符，辅助编译程序、阅读和理解 Java 源程序。Java 中的分隔符分为两类：没有意义的空白符；拥有确定意义的普通分隔符。

空白符包括空格符、回车符、换行符和制表符等。使用时，多个空白符与一个空白符的作用相同。

普通分隔符是有语法含义的，需要按照语法规定使用。普通分隔符有以下 4 种。

（1）花括号（{}）用于定义复合语句和数组的初始化，以及定义类体、方法体等。
（2）分号（;）用于结束语句。
（3）逗号（,）用于分隔变量。
（4）冒号（:）用于分隔标号和语句。

2.2　常量与变量

2.2.1　常量

常量就是在程序运行过程中其值保持不变的量，即值不能被程序改变的量，也叫字面量。常量可分为数值常量和符号常量。

1. 数值常量

数值常量就是直接出现在程序语句中的数值，例如 3.14。数值常量有如下数据类型，系统会根据数值识别。

十进制整型常量：456、789 等。
八进制整型常量：0123、076 等。
十六进制整型常量：0x123、0xff 等。
浮点型常量：3.14、14.E3、123.e-2 等。
布尔常量：true、false。
字符常量：'?'、'C'、'$'等。
字符串常量："java language"等。

2. 符号常量

符号常量是用 Java 标识符表示的常量，用关键字 final 来定义。常量被定义后，不允许再进行更改。

定义符号常量的一般格式如下：

`<final> <数据类型> <常量名> = <常量值>;`

具体说明如下。

<final>：关键字，表示后面定义的是符号常量，只能赋值一次。
<数据类型>：常量的数据类型。它可以是上述数据类型之一。
<常量名>：标识符。要符合标识符命名规则，通常全部大写，用下画线分隔多个单词。
<常量值>：常量的值。

例如：

```
final double PI=3.14;    //定义了符号常量 PI，其值为 3.14
```

2.2.2 变量

变量是 Java 程序中的基本存储单元,是在程序的运行过程中可以随时改变的值。变量包括变量名、变量类型和作用域 3 部分。

计算机一般使用内存来"记忆"计算时所使用的数据,变量存储可通过旅馆入住的过程来说明。旅客对房间的需求各不相同,应根据需求为旅客分配不同类型的房间,并指定房间号,这样旅客才能顺利入住!同样,数据各式各样,要先根据数据的需求(类型)为它申请一块合适的内存空间,再给这块内存空间指定一个变量名,这样才能正常访问数据存储的位置。两个过程的对应关系如图 2-4 所示。

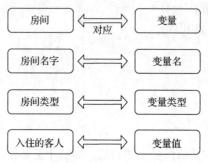

图 2-4　变量存储与旅馆入住的对应关系

了解了什么是变量,那么我们在 Java 程序中应该如何使用变量呢?使用变量需要经过 3 个步骤:"声明-赋值-使用"。

1. 变量的定义

变量的一般定义格式如下。

- 先声明,再赋值:

`<数据类型> <变量名> ; <变量名> = <初始值>;`

- 声明并赋值:

`<数据类型> <变量名> = <初始值>;`

具体说明如下。

<数据类型>:表示后面定义的变量的数据类型。

<变量名>:标识符,应遵循标识符的命名规则,且通常第一个单词的首字母小写,其后单词的首字母大写。例如 myScore、userName。

<初始值>:有确定值的表达式。没有初始值的变量是不能使用的,否则编译不能通过。

例如:

```
//先声明,再赋值
int age;   //声明一个整型变量,变量名为 age
age=20;    //为变量 age 赋初始值为 20
//声明并赋值
int score=100;
```

2. 变量的使用

使用变量,即"取出数据使用"。Java 中的变量必须先赋值,然后才能使用。参见示例 2-1。

【示例 2-1】声明一个变量并赋值为 20,然后输出此变量,如图 2-5 所示。

变量每次只能赋一个值，但可以修改多次，参见示例 2-2。

【示例 2-2】将刚才的变量重新赋值为 30，再次输出该变量，如图 2-6 所示。

图 2-5　变量的声明及输出　　　　　　　　图 2-6　变量的重新赋值

2.2.3　基本数据类型

Java 的数据类型可分为基本数据类型和引用数据类型，如图 2-7 所示。本小节主要介绍基本数据类型，引用数据类型将在后文介绍。

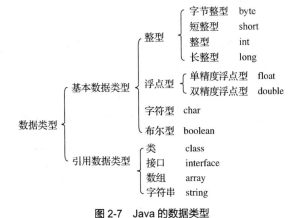

图 2-7　Java 的数据类型

Java 提供了 8 种基本数据类型：6 种数字类型（4 种整型，2 种浮点型）、1 种字符型和 1 种布尔型，如表 2-2 所示。

表 2–2　Java 基本数据类型

数据类型	类型名称	所占字节	取值范围
byte	字节整型	1	$-2^7 \sim 2^7-1$
short	短整型	2	$-2^{15} \sim 2^{15}-1$
int	整型	4	$-2^{31} \sim 2^{31}-1$
long	长整型	8	$-2^{63} \sim 2^{63}-1$
float	单精度浮点型	4	$-3.4 \times 10^{38} \sim 3.4 \times 10^{38}$
double	双精度浮点型	8	$-1.7 \times 10^{308} \sim 1.7 \times 10^{308}$
char	字符型	2	任意字符
boolean	布尔型	1	true、false

1. 整型

（1）byte 型：8 位、有符号的、以二进制补码表示的整数。其最小值是-128（-2^7），最大值是 127

(2^7-1),默认初始值是 0。byte 型变量可用在大型数组中以节约空间,主要用于代替 int 型变量,因为 byte 型变量占用的空间只有 int 型变量的 1/4。

例如:byte a=100,byte b=-50。

(2)short 型:16 位、有符号的、以二进制补码表示的整数。最小值是-32768(-2^{15}),最大值是 32767($2^{15}-1$)。short 型变量也可以像 byte 型变量那样节省空间,一个 short 型变量是 int 型变量所占空间的 1/2,默认初始值是 0。

例如:short s=1000,short r=-20000。

(3)int 型:32 位、有符号的、以二进制补码表示的整数。最小值是-2147483648(-2^{31}),最大值是 2147483647($2^{31}-1$)。一般来说,整型变量默认为 int 型,默认初始值是 0。

例如:int a=100000,int b=-200000。

(4)long 型:64 位、有符号的、以二进制补码表示的整数。最小值是-9223372036854775808(-2^{63}),最大值是 9223372036854775807($2^{63}-1$)。此数据类型主要使用在需要比较大的整数的系统上,默认初始值是 0L。

例如:long a=100000L,Long b=-200000L。

"L"理论上不分大小写,但是"l"容易与数字"1"混淆,不容易分辨,所以最好用大写。

2. 浮点型

Java 提供了两种浮点型数据:float 型和 double 型。float 型的值必须在浮点常量后加 f 或 F,如 1.23f;double 型的值无须在浮点常量后加任何字符,如 0.123。

小提示　　如果不明确指出浮点数的类型,浮点数默认为 double 型。

当表示的数字比较大或比较小时,可采用指数形式表示,把 e 或 E 之前的常数称为尾数部分,把 e 或 E 后面的常数称为指数部分。

例如,1.23e13 或 123E11 均表示 $123×10^{11}$;0.1e-8 或 1E-9 均表示 $1×10^{-9}$。

小提示　　使用指数形式表示数据时,指数和尾数部分均不能省略,且指数部分必须为整数。

3. 字符型

字符型用于表示单个字符,在 Java 中用 char 表示。

字符必须用单引号标识,如'a'、'A'、'#'等。Java 也有转义字符,以反斜杠(\)开头,用于将其后的字符转变为另外的含义。表 2-3 所示为 Java 中常用的转义字符。

例如:char ch='d'。

表 2-3　Java 中常用的转义字符

转义字符	含义	转义字符	含义
\n	换行(0x0a)	\s	空格(0x20)
\r	回车(0x0d)	\t	制表符
\f	换页符(0x0c)	\"	双引号
\b	退格(0x08)	\'	单引号
\0	空字符(0x0)	\\	反斜杠

4. 布尔型

布尔型也称逻辑型，只有两个取值：true 和 false，默认初始值是 false。它们不对应任何整数值，在流程控制中常被用到。

例如，boolean flag=true。

2.2.4 数据类型转换

不同类型的数据可以混合运算，但运算之前是需要进行类型转换的，有的需要自动转换，有的需要手动或者强制转换。先看示例 2-3。

【示例 2-3】已知半径，计算圆面积。

```
public class Area{
public static void main(String[]args){
    double PI=3.1415;
    int r=8;
    System.out.println("圆面积为: " +PI*r*r);
}
}
```

在本例中，PI 为浮点型，r 为整型。在执行 PI*r*r 时，Java 要进行变量数据类型的转换，使各数据的类型一致后，再进行运算。在此例中，将整型变量 r 转换为浮点型，运行结果如图 2-8 所示。

```
Console   Problems  Javadoc  Declaration
<terminated> Area [Java Application] C:\Program Files
圆面积为：201.056
```

图 2-8 示例 2-3 的运行结果

在 Java 里，数据类型转换分为两种：自动类型转换和强制类型转换。

1. 自动类型转换

自动类型转换也叫隐式类型转换，发生在不同数据类型的混合运算中，由编译系统自动完成，不需要显式地声明。要实现自动类型转换，必须同时满足两个条件，第一个是两种数据类型彼此兼容，第二个是目标类型的取值范围大于原类型的取值范围。例如：

```
byte b=3;
int i=b; //程序将byte型的变量自动转换成了int型，无须特殊声明
```

在上面的代码中，将 byte 型的变量 b 的值赋给 int 型的变量 i，由于 int 型的取值范围大于 byte 型的取值范围，编译器在赋值过程中不会造成数据丢失，因此编译器能够自动完成这种转换，在编译时不报告任何错误。

除了上述示例中演示的情况外，还有很多类型之间可以进行自动类型转换，下面就列出几种可以进行自动类型转换的情况。

（1）byte 型可以转换为 short 型、int 型、long 型、float 型和 double 型。

（2）short 型可转换为 int 型、long 型、float 型和 double 型。

（3）char 型可转换为 int 型、long 型、float 型和 double 型。

（4）int 型可转换为 long 型、float 型和 double 型。

（5）long 型可转换为 float 型和 double 型。

（6）float 型可转换为 double 型。

图 2-9 所示的是自动类型转换的基本规则。示例 2-4 为 char 型与 int 型的自动转换。

byte ⟶ short，char ⟶ int ⟶ long ⟶ float ⟶ double

低 ————————————————————⟶ 高

图 2-9　自动类型转换的基本规则

【示例 2-4】char 型与 int 型的自动转换。

```
public class CharToInt{
 public static void main(String[]args){
    char c1= 'a';// 定义一个 char 型变量
    int i1=c1;    //char 型自动转换为 int 型
    System.out.println("char 型自动转换为 int 型后的值等于" +i1);

    char c2= 'A';// 定义一个 char 型变量
    int i2=c2+1; //char 型变量和 int 型变量计算
    System.out.println("char 型和 int 型计算后的值等于" +i2);
 }
}
```

运行结果如图 2-10 所示。

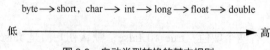

图 2-10　示例 2-4 的运行结果

2．强制类型转换

强制类型转换，即强制显式地把一种数据类型转换为另外一种数据类型。如果希望把图 2-9 中箭头右边的类型转换为左边的类型，则必须进行强制类型转换。其一般形式为：

```
(目标类型) 变量或表达式
```

其中，(目标类型)的"()"称为强制类型转换运算符。

例如：

```
(float)a;    //把 a 转换为 float 型
(int)(x+y);  //把 x+y 的运算结果转换为 int 型
```

在使用强制类型转换时应注意以下问题。

（1）进行强制类型转换的过程，类似于把一个大瓶子中的水倒入一个小瓶子中，大瓶子中的水不多还好，如果大瓶子中的水很多，水就会溢出，对于数据来说则意味着造成数据丢失。因此这种转换也被称为缩小转换。

（2）在生活中我们会遇到这样的情景：在市场上买菜或买水果的时候，卖家经常会很大方地"抹零儿"，例如"一共 13.2 元，给 13 元吧！"。这就是强制类型转换，卖家"损失"了 2 角的收入，所以使用强制类型转换可能会降低精度。

（3）无论是强制类型转换还是自动类型转换，都只是为了本次运算的需要而对变量的数据长度进行的临时性转换，并不改变该变量本身定义的类型。

强制类型转换的例子可参见示例 2-5。

【示例 2-5】将浮点型变量 d 强制转换为 int 型变量。

```
public class FloatToInt{
 public static void main(String[]args){
    double d=21.573;
    System.out.println("浮点型变量 d 的值为：" +d);
```

```
        System.out.println("将d强制转换为int型变量后的值为: " + (int)d);
    }
```

本示例表明，d 虽被强制转换为 int 型变量，但 d 只在运算中起作用，因此转换是临时的，而 d 本身的类型并不改变。因此(int)d 的值为 21（去掉了小数部分），而 d 本身的值仍为 21.573。运行结果如图 2-11 所示。

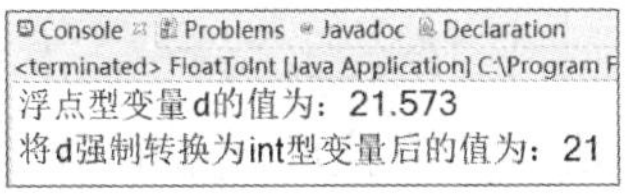

图 2-11 示例 2-5 的运行结果

2.2.5 变量的作用域

前面介绍过，变量需要先定义再使用，但这并不意味着在变量定义之后的语句中一定可以使用该变量。变量需要在它的作用范围内才可以被使用，这个作用范围称为变量的作用域。在程序中，变量一定会被定义在某一对花括号中，该花括号所包含的代码区域便是这个变量的作用域。接下来通过一个代码片段来分析变量的作用域，具体如下：

```
public static void main(String[]args){
    int x=4;
    {
    int y=9;
    }
}
```

在上面的代码中有两层花括号。其中，外层花括号所标识的代码区域就是变量 x 的作用域，内层花括号所标识的代码区域就是变量 y 的作用域。

清楚变量的作用域在编程过程中尤为重要，接下来通过一个代码片段进一步熟悉变量的作用域。

```
public static void main(String[]args){
int x=12;      //定义变量 x
{
int y=96;      //定义变量 y
System.out.println("x的值为: " +x); //访问变量 x
System.out.println("y的值为: " +y); //访问变量 y
}
y=x; //访问变量 x，为变量 y 赋值
System.out.println("x的值为: " +x); //访问变量 x
}
```

上面这段代码编译时会报错，出现 "y 不能被解析为一个变量" 的错误。出错的原因在于，在给变量 y 赋值时超出了它的作用域。如果将代码 "y=x;" 去掉，代码将不再报错，变量 x、y 都在各自的作用域中，因此都可以被访问到。

2.3 表达式与运算符

2.3.1 表达式

变量的赋值与计算都离不开表达式，表达式的运算依赖于变量、常量和运算符。下面是一个求

圆面积的问题。

求圆面积的公式为：

$$S=\pi r^2$$

其中 S 为圆面积，π 为圆周率，r 为半径。

假设用程序来计算圆的面积，S、π、r 均为变量，省略的乘号为运算符，r 的 2 次方可以描述为 r*r，则求圆面积的表达式为：

$$S=\pi*r*r$$

表达式是变量、常量和运算符的组合，它执行计算并返回计算结果。在表达式中运算符作用的变量或常量称为操作数。在求圆面积的表达式中，乘号（*）为运算符，π 和 r 为操作数。

在一些复杂的运算中，简单的表达式可以组合为复杂的表达式，其操作数本身可能就是一个表达式。例如：

$$(num1+num2)*(x+y)$$

在上面的表达式中，运算符乘号（*）两边的操作数(num1+num2)和(x+y)本身就是表达式。表达式的计算结果一般为数值，如果表达式是关系表达式或者逻辑表达式，表达式会返回一个布尔值，即 true 或 false。

2.3.2 运算符

运算符用于连接表达式的操作数，并对操作数执行运算。例如，表达式 num1+num2，其操作数是 num1 和 num2，运算符是 "+"。在 Java 中，运算符可分为 5 种类型：算术运算符、赋值运算符、关系运算符、逻辑运算符、位运算符。根据操作数的不同，运算符又分为单目运算符、双目运算符和三目运算符。单目运算符只有一个操作数，双目运算符有两个操作数，三目运算符则有三个操作数。

位运算符涉及二进制位的运算，在 Java 程序中运用得不是很多，因此下面主要介绍算术运算符、赋值运算符、关系运算符和逻辑运算符。

1. 算术运算符

算术运算符用在算术表达式中，其作用和数学中的运算符相同，表 2-4 所示为 Java 支持的算术运算符。

表 2–4 Java 支持的算术运算符

运算符	说明	示例	结果
+	加	1+2	3
-	减	5-3	2
*	乘	20*5	100
/	除（求商）	6/4	1
%	取模（求余数）	32%9	5
++	自增	a++、++a	对 a 做加 1 操作
--	自减	a--、--a	对 a 做减 1 操作

算术运算符包括常用的加（+）、减（-）、乘（*）、除（/）、取模（%）等运算符，完成整型和浮点型数据的算术运算。加、减、乘、除、取模运算符比较容易理解。下面重点介绍自增和自减运算符。

自增运算符、自减运算符是单目运算符，只需要一个操作数参加运算，例如a++、++a、a--、--a等。其中，a是操作数，++是自增运算符，--是自减运算符，自增和自减运算符既可以放在变量的前面，也可以放在变量的后面，例如++a、a++。

自增（++）：将变量的值加1，分前缀式（如++a）和后缀式（如a++）。前缀式是先加1再使用变量，后缀式是先使用变量再加1。

自减（--）：将变量的值减1，分前缀式（如--a）和后缀式（如a--）。前缀式是先减1再使用变量，后缀式是先使用变量再减1。下面通过一个代码片段来了解一下：

```
int a=1;
int b=a++;
System.out.println("b="+b);    //b=1
---------------------------------------------
int a=1;
int b= ++a;
System.out.println("b="+b);    //b=2
---------------------------------------------
int a=1,b=1,c;
c=++a+b++;
System.out.println("a="+a);    //a=2（先加1再使用）
System.out.println("b="+b);    //b=2（先使用再加1）
System.out.println("c="+c);    //c=3（a的值为加1后的值，b的值为加1前的值）
```

2. 赋值运算符

赋值运算符是双目运算符，用在赋值表达式中。它的作用是将运算符右边操作数的值赋给运算符左边的操作数。表2-5所示为Java支持的赋值运算符。

表2-5 Java支持的赋值运算符

运算符	说明	示例	等价于
=	赋值	x=10	
+=	加等	x+=y	x=x+y
-=	减等	y-=5	y=y-5
*=	乘等	y*=z-3	y=y*(z-3)
/=	除等	z/=3	z=z/3
%=	取模等	z%=3	z=z%3

Java程序中"="的意义与我们平时的数学计算中"="的意义不同，它表示赋值的意思。以下代码片段都是赋值运算。

```
int x=5;  //把右侧的值5赋给左侧的int型变量x
int a;
a=100+200; // 将100+200的结果赋给变量a
```

除了"="外，其他的都是特殊的赋值运算符。以"+="为例，x+=3 就相当于 x=x+3，首先进行加法运算 x+3，再将运算结果重新赋值给变量x。"-="、"*="、"/="、"%="赋值运算符都与之类似。

3. 关系运算符

关系运算符也是双目运算符，用于关系表达式。关系运算符可对两个操作数进行比较，并返回比较结果，比较结果为布尔值（true或false）。表2-6所示为Java支持的关系运算符（假设整型变量i的初始值为1）。

表 2-6 Java 支持的关系运算符

运算符	说明	示例	结果
==	等于	i==1	true
!=	不等于	i!=1	false
>	大于	i>1	false
<	小于	i<1	false
>=	大于等于	i>=1	true
<=	小于等于	i<=1	true

如表 2-6 所示，我们判断两个数是否相等需使用"=="，它与"!="具有相同的优先级，比">""<"">=""<="的优先级要高。但是算术运算符的优先级比关系运算符的高，也就是说 i<a+100 和 i<(a+100) 的结果是一样的。不同类型的数据之间也可以进行比较，它们会被自动转换为相同的类型后再比较。示例 2-6 为关系运算符的使用。

【示例 2-6】关系运算符的使用。

```
public class Compare{
public static void main(String[]args){
    int x=10;
    double y=10.9;
    char a= '0';
    System.out.println(x>y);
    System.out.println(a>x);
}
}
```

运行结果如图 2-12 所示。

```
Console  Problems  Javadoc  D
<terminated> Compare [Java Application]
false
true
```

图 2-12 示例 2-6 的运行结果

4. 逻辑运算符

在数学中，一个数值的范围经常用不等式来表示。假设一个数值的取值范围为 0～100，设该数值为 x，即可用不等式 $0<x<100$ 给出 x 的取值范围。在 Java 中，这个不等式只能分解为 $x>0$ 和 $x<100$ 两个关系表达式，然后用逻辑运算符进行连接。

用逻辑运算符连接两个关系表达式或布尔变量可以解决多个关系表达式的组合判断问题，返回的运算结果为布尔值。表 2-7 所示为 Java 支持的逻辑运算符。

表 2-7 Java 支持的逻辑运算符

运算符	说明	示例	结果
&	与	true&true	true
			true&false	false
			false&false	false
			false&true	false
|	或	true|true	true
			true|false	true
			false|false	false
			false|true	true

续表

运算符	说明	示例	结果
!	非	!true	false
		!false	true
&&	短路与	true&&true	true
		true&&false	false
		false&&false	false
		false&&true	false
||	短路或	true||true	true
		true||false	true
		false||false	false
		false||true	true

运算符 "!" 是单目运算符，用于对关系表达式返回的值进行取反。例如，对于关系表达式 a>b，如果 a>b 为 true，取反后则为 false；如果 a>b 为 false，取反后则为 true。

运算符 "&" 和 "&&" 都表示 "与" 操作，是双目运算符，均用于判断两个关系表达式或布尔变量是否都为真。当且仅当运算符两边的操作数都为 true 时，其结果才为 true，否则结果为 false。在使用运算符 "&" 进行运算时，不论左边为 true 还是 false，都会对右边的表达式进行运算；而使用运算符 "&&" 进行运算，且左边为 false 时，不会对右边的表达式进行运算，因此运算符 "&&" 被称为 "短路与"。

运算符 "|" 和 "||" 都表示 "或" 操作，是双目运算符，用于判断两个关系表达式或布尔变量是否有一个为真。当且仅当运算符任意一边操作数的值为 true 时，其结果为 true；当两边的值都为 false 时，其结果才为 false。同与操作类似，"||" 表示 "短路或"，当运算符 "||" 的左边为 true 时，就不会对右边的表达式进行运算。示例 2-7 为逻辑运算符的使用。

【示例 2-7】逻辑运算符的使用。

```
public class Logic{
    public static void main(String[]args){
        int x=0;
        int y=0;
        boolean b=x==0||y++>0;
        System.out.println("b的值为: " +b);
        System.out.println("x的值为: " +x);
        System.out.println("y的值为: " +y);
    }
}
```

示例 2-7 中的代码块执行完毕后，b 的值为 true，y 的值仍为 0。出现这样的结果，原因是运算符 "||" 的左边 x==0 的结果为 true，因此不会对右边表达式进行运算，y 的值也就不会发生任何变化。运行结果如图 2-13 所示。

```
Console  Problems  Javadoc  Declaratio
<terminated> Logic [Java Application] C:\Program
b的值为: true
x的值为: 0
y的值为: 0
```

图 2-13 示例 2-7 的运行结果

5. 运算符的优先级

在对一些比较复杂的表达式进行运算时,要明确表达式中所有运算符参与运算的先后顺序,通常把这种顺序称作运算符的优先级。接下来,通过表 2-8 来展示 Java 中运算符的优先级,数字越小,优先级越高。

表 2-8 Java 中运算符的优先级

优先级	运算符	结合性
1	()、[]、{}	从左向右
2	!、+(正)、-(负)、~、++、--	从右向左
3	*、/、%	从左向右
4	+(加)、-(减)	从左向右
5	<<、>>、>>>	从左向右
6	<、<=、>、>=	从左向右
7	==、!=	从左向右
8	&	从左向右
9	^	从左向右
10	|	从左向右
11	&&	从左向右
12	||	从左向右
13	?:	从右向左
14	=、+=、-=、*=、/=、&=、|=、^=、~=、<<=、>>=、>>>=	从右向左

根据运算符优先级,分析下面代码片段的运行结果。

```
int a=2;
int b=a+3*a;
System.out.println(b);
```

运行结果为 8。由于运算符 "*" 的优先级高于运算符 "+",因此先运算 3*a,得到的结果是 6,再将 6 与 a 相加,得到最后的结果 8。

```
int a=2;
int b= (a+3)*a;
System.out.println(b);
```

运行结果为 10。由于运算符 "()" 的优先级最高,因此先运算括号内的 a+3,得到的结果是 5,再将 5 与 a 相乘,得到最后的结果 10。

其实没有必要去刻意记忆运算符的优先级。编写程序时,尽量使用括号 "()" 来实现想要的运算顺序,以免产生歧义。

2.3.3 键盘输入

为了让程序能够输入符合开发的数据,我们在程序代码中加入了键盘输入这种更灵活的方式。很多时候,我们更需要在程序运行时根据从键盘获取的数据来输出不同的信息。

获取从键盘输入的数据需要 4 个步骤。

(1)导入 Scanner 类所在的包。

(2)创建 Scanner 类对象。

(3)输出屏幕提示信息。

（4）调用相关键盘输入的方法，将读取的数据赋给变量。

具体操作参见示例 2-8。

【示例 2-8】获取从键盘输入的数据。

```java
//1.导入 Scanner 类所在的包------官方已经把功能写好了，直接调用即可
import java.util.Scanner;
public class UserInput{
    public static void main(String[]args){
        //2.创建 Scanner 类对象
        Scanner sc=new Scanner(System.in);
        //3.输出屏幕提示信息
        System.out.println("请输入一个整数的年龄: ");
        //4.调用相关键盘输入的方法
        int age=sc.nextInt();  //读取一个 int 型的数据，并赋值给 int 型变量 age
        System.out.println("您的年龄为: " +age);
    }
}
```

运行结果如图 2-14 所示。

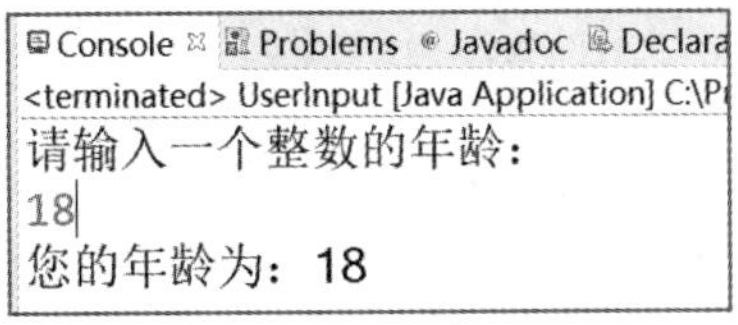

图 2-14 示例 2-8 的运行结果

【任务 2-1】输出超市购物清单

【任务描述】

编写一个输出超市购物清单的程序，输出清单中每种商品的详细信息及所有商品的汇总信息。每种商品的详细信息包括商品名称、单价、数量、金额（元），所有商品的汇总信息包括总件数和所购商品总金额。运行结果如图 2-15 所示。

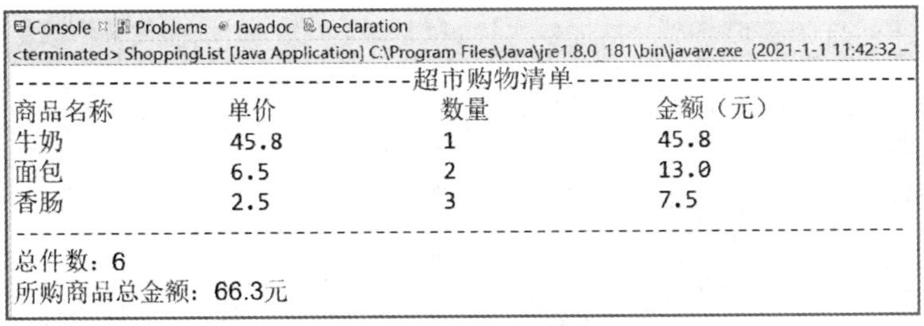

图 2-15 输出超市购物清单的运行结果

【任务目标】

- 学会分析"输出超市购物清单"任务的实现思路。
- 能够在程序中使用算术运算符进行运算操作。
- 能够在程序中使用赋值运算符进行赋值操作。
- 掌握 Java 中的变量和运算符的知识点。

【实现思路】

(1) 观察清单后,可将清单分解为3个部分(清单顶部、清单中部、清单底部)。

(2) 清单顶部为固定的文字内容,直接输出即可。

(3) 清单中部为商品信息,为变化的数据,需要记录商品信息后输出。每种商品应该具有如下属性。

商品名称:String 型(下文详细介绍)。

单价:单个商品的价格,double 型。

数量:商品所购数目,int 型。

金额(元):单价×数量,double 型。

(4) 清单底部包含统计操作,需经过计算后输出,可以设置两个单独的变量。

总件数:所有商品的数量总和,int 型。

所购商品总金额:所购商品的总金额,double 型。

【实现代码】

```java
public class ShoppingList{
    public static void main(String[]args){
        // 1箱牛奶
        String productName_1= "牛奶";
        double price_1=45.8;
        int number_1 =1;
        double sum_1=price_1*number_1;
        // 2个面包
        String productName_2= "面包";
        double price_2=6.5;
        int number_2 =2;
        double sum_2=price_2*number_2;
        // 3根香肠
        String productName_3= "香肠";
        double price_3=2.5;
        int number_3 =3;
        double sum_3=price_3*number_3;
        // 清单顶部
        System.out.println("------------------------------超市购物清单"
                + "------------------------------");
        System.out.println("商品名称\t\t 单价\t\t 数量\t\t 金额(元)");
        // 清单中部
        System.out.println(productName_1+ "\t\t\t" +price_1+ "\t\t" +number_1+ "\t\t" + sum_1);
        System.out.println(productName_2+ "\t\t\t" +price_2+ "\t\t" +number_2+ "\t\t" + sum_2);
        System.out.println(productName_3+ "\t\t\t" +price_3+ "\t\t" +number_3+ "\t\t" + sum_3);
        // 统计总件数、所购商品总金额
        int totalCount=number_1+number_2+number_3;
        double totalMoney=sum_1+sum_2+sum_3;
        // 清单底部
        System.out.println("---------------------"
                + "---------------------------------------------");
        System.out.println("总件数: " +totalCount);
```

```
        System.out.println("所购商品总金额: " +totalMoney+ "元");
    }
}
```

2.4 选择结构

流程控制对任何一门编程语言来说都是至关重要的，它提供了控制程序步骤的基本手段。流程控制结构可以分为 3 种：顺序结构、选择结构、循环结构。第一种顺序结构，按照代码的先后顺序依次执行；第二种选择结构，也叫分支结构，根据相应的条件判断来决定执行哪条语句；第三种循环结构，只要条件成立，相同的一段代码就会被反复地执行，直到条件不成立为止。

顺序结构是程序中最简单、最基本的流程控制结构，没有特定的语法结构，即写在前面的先执行，写在后面的后执行。程序中大多数代码都是这样执行的。本节重点讲解第二种流程控制结构——选择结构。

在实际生活中经常需要做出一些判断和选择，例如开车来到一个十字路口，这时需要对红绿灯进行判断，如果前面是红灯就选择停车等候，如果是绿灯就选择通行。在数据处理过程中，也常常需要根据不同的情况进行不同的处理。例如，任意输入两个数 a 和 b，输出其中较大的数。解决这样的问题，就需要让计算机按照给定的条件来进行判断，并且根据判断的结果选择相应的处理方式，这就要用到选择结构语句。选择结构语句分为 if 语句和 switch 语句。

2.4.1 if 语句

if 语句将布尔表达式或者布尔值作为分支条件来进行分支控制，有如下 3 种形式：单分支 if 语句、双分支 if…else…语句、多重分支 if…else if…else…语句。

1. 单分支 if 语句

单分支 if 语句的语法如下：

```
if(条件表达式)
{
    //如果条件成立，将执行的语句
}
```

如果判断条件的布尔表达式的值为 true，则执行 if 语句中的代码块，否则跳过该语句。单分支 if 语句的执行流程如图 2-16 所示，具体操作可参见示例 2-9。

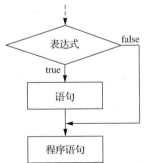

图 2-16 单分支 if 语句的执行流程

【示例 2-9】划分成绩等级：如果分数在 90 分及以上，则输出"等级：优秀"。

```
import java.util.Scanner;
public class Grade_If{
```

```
    public static void main(String[]args){
        Scanner input=new Scanner(System.in);
        System.out.println("请输入一个整数得分：");
        int score=input.nextInt();
        if(score>=90){
            System.out.println("等级：优秀");
        }
    }
}
```

运行结果如图 2-17 所示。如果输入一个整数，与条件"分数在 90 分及以上"相符，则输出"等级：优秀"；如果输入的整数与条件不相符，则不会输出这句话。

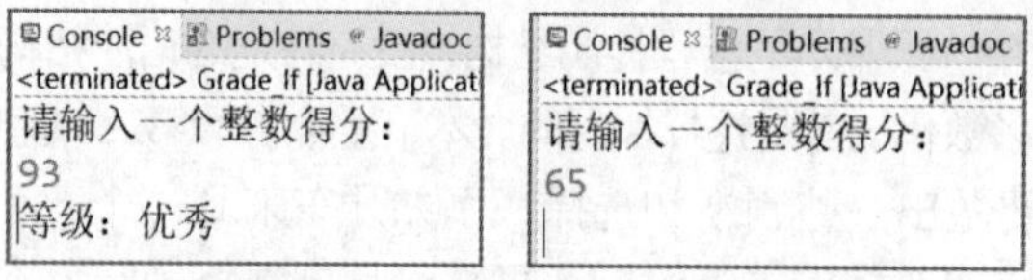

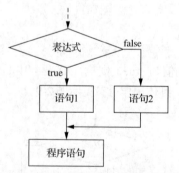

图 2-17　示例 2-9 的运行结果

2. 双分支 if…else…语句

双分支 if…else…语句的语法如下：

```
if(条件表达式)
{
    //如果条件成立，将执行的语句 1
}else{
    //否则，将执行的语句 2
}
```

如果判断条件的布尔表达式的值为 true，则执行语句 1，否则执行语句 2。双分支 if…else…语句的执行流程如图 2-18 所示，具体操作可参见示例 2-10。

图 2-18　双分支 if…else…语句的执行流程

【示例 2-10】划分成绩等级：如果分数在 90 分及以上，就输出"等级：优秀"；如果分数在 90 分以下，则输出"继续努力！"。

```
import java.util.Scanner;
public class Grade_IfElse{
    public static void main(String[]args){
        Scanner input=new Scanner(System.in);
        System.out.println("请输入一个整数得分：");
        int score=input.nextInt();
        if(score>=90){
```

```
            System.out.println("等级：优秀");
        }else{
            System.out.println("继续努力! ");
        }
    }
}
```

运行结果如图2-19所示。如果输入一个整数，与条件"分数在90分及以上"相符，则输出"等级：优秀"；否则（分数在90分以下），输出"继续努力！"。

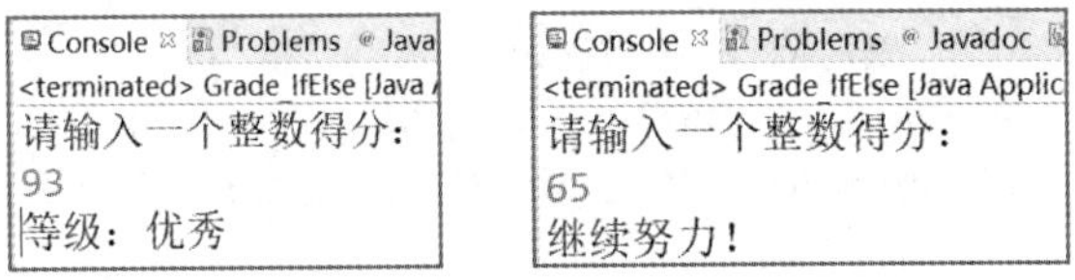

图2-19 示例2-10的运行结果

3. 多重分支 if…else if…else…语句

多重分支 if…else if…else…语句的语法如下：

```
if(条件表达式1)
{
    //语句1
}else if(条件表达式2){
    //语句2
}
…
else if(条件表达式 n-1){
    //语句 n-1
}else{
    //语句 n
}
```

如果表达式 i（i=1~n-1）的值为true，则执行语句 i；如果所有表达式 i 的值均为false，则执行语句 n。多重分支 if…else if…else…语句的执行流程如图2-20所示，具体操作可见示例2-11。

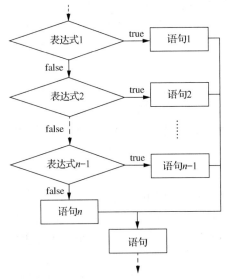

图2-20 多重分支 if…else if…else…语句的执行流程

【示例 2-11】划分成绩等级：如果分数在 90 分及以上，则输出"等级：优秀"；如果分数在 70 分至 89 分，则输出"等级：良好"；如果分数在 69 分及以下，则输出"继续努力！"。

```java
import java.util.Scanner;
public class Grade_IfElseIf{
    public static void main(String[]args){
        Scanner input=new Scanner(System.in);
        System.out.println("请输入一个整数得分：");
        int score=input.nextInt();
        if(score>=90){
            System.out.println("等级：优秀");
        }else if(score>=70){
            System.out.println("等级：良好");
        }else{
            System.out.println("继续努力!");
        }
    }
}
```

运行结果如图 2-21 所示。如果输入一个整数，与条件"分数在 90 分及以上"相符，则输出"等级：优秀"；如果与条件"分数在 70 分至 89 分"相符，则输出"等级：良好"；否则（分数在 69 分及以下），则输出"继续努力！"。

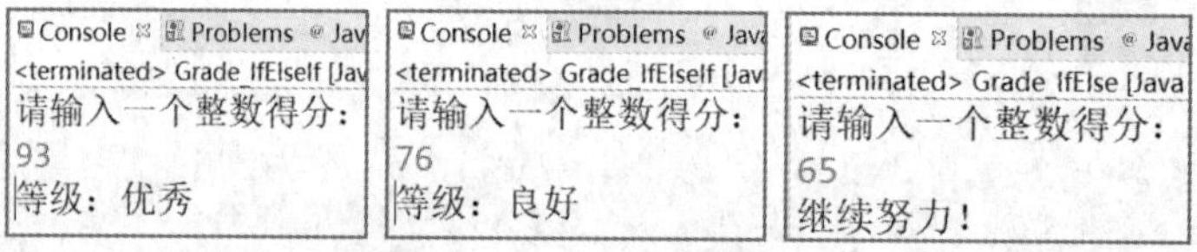

图 2-21　示例 2-11 的运行结果

4. 三元运算符

三元运算符由"？："符号表示，具体的含义可以理解为双分支选择结构 if…else…的简写形式。这种运算符会将某个条件做两种处理，如果满足条件的话就进行第一种处理，如果不满足条件的话就进行另外一种处理。三元运算符的格式如下：

```
[条件语句] ? [表达式1] : [表达式2]
```

含义：如果条件语句为真则执行表达式 1，否则执行表达式 2。

例如：

```
int A,B,C;
A=2;
B=3;
C=A>B?100:200;
```

上述应用三元运算符的语句的意思是，如果 A>B 的话，就将 100 赋给 C，否则就将 200 赋给 C。

2.4.2　switch 语句

Java 中的 switch 语句也是一种很常用的选择结构语句，与 if 语句不同，它只能针对某表达式的值做出判断，从而决定程序执行哪一段代码。例如，在程序中使用数字 1～7 表示星期一到星期日，如果想根据输入的某个数字来输出对应中文格式的星期值，可以通过以下伪代码来描述。

用于表示星期的数字：

如果等于 1，则输出星期一；

如果等于2,则输出星期二;
如果等于3,则输出星期三;
如果等于4,则输出星期四;
如果等于5,则输出星期五;
如果等于6,则输出星期六;
如果等于7,则输出星期日。

对于上面一段伪代码的描述,大家可能会立刻想到用刚学过的 if…else if…else…语句来实现,但是由于其判断条件比较多,所需代码过长,不便于阅读。Java 中提供了 switch 语句来实现这种需求,在 switch 语句中使用 switch 关键字来描述表达式,使用 case 关键字来描述与表达式结果比较的目标值。当表达式的值和某个目标值匹配时,会执行对应 case 后的语句。具体实现的改写后的伪代码如下:

```
switch(用于表示星期的数字){
        case 1: 输出星期一; break;
        case 2: 输出星期二; break;
        case 3: 输出星期三; break;
        case 4: 输出星期四; break;
        case 5: 输出星期五; break;
        case 6: 输出星期六; break;
        case 7: 输出星期日; break
}
```

上面改写后的伪代码便描述了 switch 语句的基本语法格式,具体如下:

```
switch(表达式){
    case 目标值1:执行语句1;break;
    case 目标值2:执行语句2;break;
    …
    …
    case 目标值n:执行语句n;break;
    default:执行语句n+1;break;
}
```

在上面的格式中,switch 语句将表达式的值与每个 case 条件中的目标值进行比较。如果找到了匹配的值,就会执行对应 case 条件后的语句;如果没找到任何匹配的值,就会执行 default 后的语句。switch 语句中的 break 关键字后面再具体介绍,此处,初学者只需要知道 break 的作用是跳出 switch 语句即可。

需要注意的是,在 JDK 5.0 之前的版本中,switch 语句中的表达式只能是 byte、short、char、int 型的值,如果传入其他类型的值,程序会报错。在 JDK 5.0 中引入了新特性,可以将枚举作为 switch 语句表达式的值。在 JDK 7.0 中又引入了新特性,可以将 String 型的值作为 switch 语句表达式的值。

switch 语句的操作可参见示例 2-12。

【示例 2-12】根据数字来输出对应中文格式的星期。

```
import java.util.Scanner;
public class Week{
    public static void main(String[]args){
        Scanner input=new Scanner(System.in);
        System.out.println("请输入星期数(例:星期一则输入数字1): ");
        int week=input.nextInt();
        switch(week){
        case 1:    System.out.println("星期一");break;
```

```
            case 2:   System.out.println("星期二");break;
            case 3:   System.out.println("星期三");break;
            case 4:   System.out.println("星期四");break;
            case 5:   System.out.println("星期五");break;
            case 6:   System.out.println("星期六");break;
            case 7:   System.out.println("星期日");break;
            default:System.out.println("无法判断");
        }
    }
}
```

运行结果如图 2-22 所示。

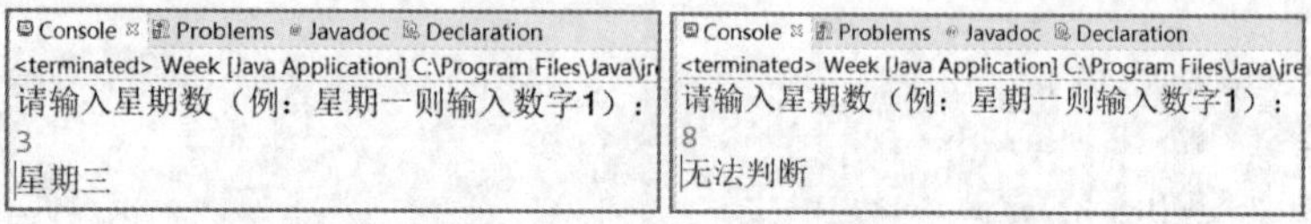

图 2-22 示例 2-12 的运行结果

在使用 switch 语句的过程中，如果多个 case 条件后面的执行语句是一样的，则该执行语句只需书写一次即可，这是利用了 case 穿透现象的一种简写的方式。

case 穿透现象指的是 switch 语句会根据表达式的值从相匹配的 case 条件处开始执行之后的代码，如果没有遇到 break 语句，则会忽略后面所有 case 条件目标值的匹配，一直执行到 switch 语句的末尾。具体操作可参见示例 2-13。

【示例 2-13】判断一周中的某一天是否为工作日：使用数字 1~7 来表示星期一到星期日，当输入的数字为 1、2、3、4、5 时就视该天为工作日，数字为 6、7 时就视该天为休息日。

```java
import java.util.Scanner;
public class WorkingDay{
    public static void main(String[]args){
        Scanner input=new Scanner(System.in);
        System.out.println("请输入星期数（例：星期一则输入数字1）：");
        int week=input.nextInt();
        switch(week){
        case 1:
        case 2:
        case 3:
        case 4:
        case 5:
            //当 week 是值 1、2、3、4、5 中任意一个时，处理方式相同
            System.out.println("今天是工作日");
            break;
        case 6:
        case 7:
            //当 week 是值 6、7 中任意一个时，处理方式相同
            System.out.println("今天是休息日");
            break;
        default:System.out.println("无法判断");
        }
    }
}
```

运行结果如图 2-23 所示。

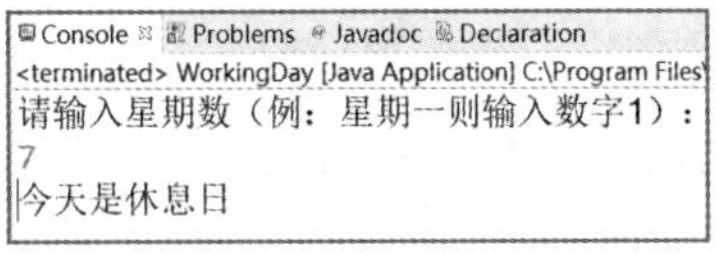

图 2-23 示例 2-13 的运行结果

2.5 循环结构

在实际生活中经常会将同一件事情重复做很多次。例如行进中的汽车的轮胎一圈圈转动、打乒乓球时重复挥拍等。循环是我们生活中存在的最普遍的现象之一，许多复杂的问题都需要经过大量循环重复处理。在 Java 中，循环结构是一个常用的结构，可以实现一段代码的重复执行。例如，求 1 到 100 的累加和，需要重复做加法，如果写 100 个赋值语句，显然很累赘，而用循环语句实现就比较简单了。

循环语句就是根据条件做循环，在条件满足时继续循环，在条件不满足时退出循环。Java 提供了 3 种循环语句来实现循环结构的程序设计，分别为 while 循环语句、do…while 循环语句和 for 循环语句。一般情况下，for 循环语句多用于处理确定次数的循环，while 和 do…while 循环语句多用于处理不确定次数的循环。

2.5.1 while 循环语句

只要给定的条件为真，while 循环语句就会重复执行一个目标语句。while 循环语句的格式如下：

```
while(条件表达式){
    循环语句
}
// 继续执行后续代码
```

while 循环语句在每次循环开始前，首先判断条件是否成立。如果计算结果为 true，就把循环体内的语句执行一遍；如果计算结果为 false，就直接跳出循环，继续执行后续代码。while 循环语句的执行流程如图 2-24 所示，具体操作可参见示例 2-14。

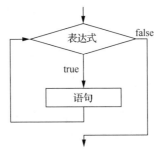

图 2-24 while 循环语句的执行流程

【示例 2-14】计算 1 到 100 的累加和。

```
public class Sum_While{
    public static void main(String[]args){
        int sum=0; // 累加和，初始值为 0
        int n=1;
        while(n<=100){ // 循环条件是 n<=100
            sum+=n; // 把 n 累加到 sum 中
```

```
            n++;  //n自增1
        }
        System.out.println(sum);
    }
}
```

运行结果如图 2-25 所示。

图 2-25　示例 2-14 的运行结果

2.5.2　do…while 循环语句

对于 while 循环语句而言，如果代码不满足条件，则不能进入循环。但有时候我们需要即使不满足条件，也至少执行一次循环语句。do…while 循环语句和 while 循环语句相似，不同的是 do…while 循环语句至少会执行一次。do…while 循环语句的格式如下：

```
do{
        执行循环语句
}while(条件表达式);
```

do…while 循环语句是先执行循环语句，再判断条件，条件满足时继续循环，条件不满足时退出循环。do…while 循环语句的执行流程如图 2-26 所示。

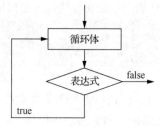

图 2-26　do…while 循环语句的执行流程

我们把"计算 1 到 100 的累加和"用 do…while 循环语句实现，参见示例 2-15。

【示例 2-15】用 do…while 循环语句计算 1 到 100 的累加和。

```
public class Sum_DoWhile{
    public static void main(String[]args){
        int sum=0;
        int n=1;
        do{
            sum+=n;
            n++;
        }while(n<=100);
        System.out.println(sum);
    }
}
```

运行结果如图 2-27 所示。

图 2-27　示例 2-15 的运行结果

可以看出，对于"计算 1 到 100 的累加和"这个问题，使用 while 循环语句和 do…while 循环语句都可以得到正确的结果。那两种循环语句的区别在哪里呢？

while 循环语句是先判断条件表达式的值，如果条件表达式的值为 true 则执行循环体，否则跳过循环体的执行。因此，如果一开始条件表达式的值就为 false，那么循环体一次也不被执行。而 do…while 循环语句是先执行一次循环体，再判断条件表达式的值，若值为 true 则再次执行循环体，否则执行后续代码。无论条件表达式的值如何，do…while 循环语句都至少会执行一次循环体。下面通过一个代码片段来理解：

```
//while 语句
int i=11;
while(i<=10){
    System.out.println(i);
    i++;
}
//do…while 语句
int i=11;
do{
    System.out.println(i);
    i++;
}while(i<=10);
```

2.5.3　for 循环语句

除了 while 循环语句和 do…while 循环语句，Java 循环结构使用较为广泛的语句是 for 循环语句。for 循环语句的功能非常强大。for 循环语句会先初始化循环变量，然后在每次循环前检测循环条件，在每次循环后更新循环变量。for 循环语句的格式如下：

```
for(初始化表达式; 循环条件; 更新表达式){
    循环体语句组;
}
```

具体说明如下。

（1）初始化表达式：用于设置循环变量的初始值，例如 int i=1。

（2）循环条件：用于条件判断的关系表达式或逻辑表达式，以确定是否继续进行循环体语句的执行，例如 i<100。

（3）更新表达式：用于循环变量的增减值操作，例如 i++或 i-=2。

（4）循环体语句组：要被重复执行的语句，可以是空语句、单个语句或多个语句。

for 循环语句的执行流程如图 2-28 所示。

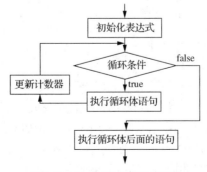

图 2-28　for 循环语句的执行流程

我们把"计算 1 到 100 的累加和"用 for 循环语句实现，参见示例 2-16。

【示例 2-16】用 for 循环语句计算 1 到 100 的累加和。

```java
public class Sum_For{
    public static void main(String[]args){
        int sum=0;
        for(int i=1;i<=100;i++){
            sum+=i;
        }
        System.out.println(sum);
    }
}
```

for 循环语句会先执行初始化语句 int i=1，它定义了循环变量 i 并赋初始值为 1。然后，循环前先检查循环条件 i<=100，循环后自动执行 i++。因此，和 while 循环语句相比，for 循环语句把循环变量更新的代码与初始化放到了一起，在 for 循环语句的循环体内部，不需要去更新变量 i。运行结果如图 2-29 所示。

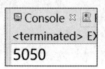

图 2-29　示例 2-16 的运行结果

2.5.4　循环嵌套

如果一个循环语句的循环体中又包含一个循环语句，则称之为循环嵌套，也称为多重循环。前面学习的 3 种循环语句，每一种语句的循环体部分都可以再包含循环语句，所以多重循环很容易实现。循环嵌套按照嵌套层数可分为二重循环、三重循环等。处于内部的循环称为内循环，处于外部的循环称为外循环。执行过程以二重循环为例，从最外层开始执行，外循环变量每取一个值，就判断一次循环条件。如果条件为真，内循环就执行一次循环体，内循环结束后，再回到外循环，外循环变量取下一个值，如果循环条件依然为真，内循环又开始执行一次循环体。依此类推，直到外循环结束。

循环嵌套的具体操作可参见示例 2-17。

【示例 2-17】运行 PrintGraph.java 输出图 2-30 所示的图形。

```java
public class PrintGraph{
    public static void main(String[]args){
        for(int i=1;i<=5;i++){
            for(int j=1;j<=8;j++){
                System.out.print("* ");
            }
            System.out.println();
        }
    }
}
```

这是一个 5 行 8 列的二维图形。由于本例循环次数已经确定，因此使用 for 循环语句比较方便。用变量 i 表示行号，取值范围为 1～5；用变量 j 表示列号，取值范围为 1～8。因为输出图形是按行输出，即先输出第 1 行，再输出第 2 行……所以可以由外循环完成对每一行的输出。对某一行 i，由内循环实现对第 i 行的行内字符的输出。运行结果如图 2-30 所示。

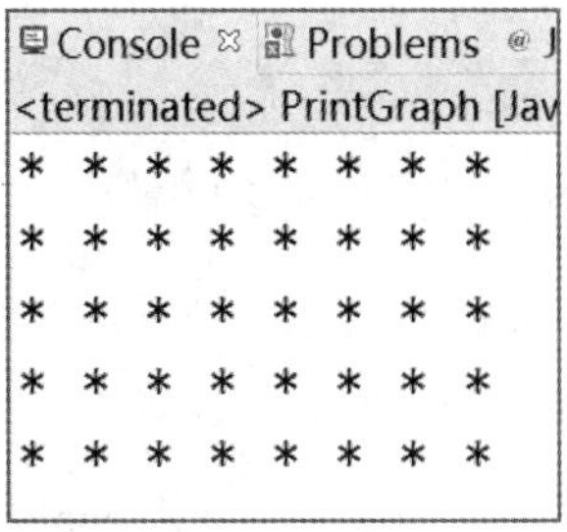

图 2-30　示例 2-17 的运行结果

2.5.5　跳转语句

跳转语句用于实现循环执行过程中程序流程的跳转，Java 中的跳转语句有 break 语句和 continue 语句。

1. break 语句

在前面介绍的 switch 选择结构中，我们已经知道，break 语句是用来终止某个 case 并使程序跳出它所在的 switch 结构的。break 语句的另一个重要作用是在循环结构中结束它所在的循环，使程序跳出整个循环结构，执行后续语句。具体操作参见示例 2-18。

【示例 2-18】break 语句练习。

```
public class BreakTest{
    public static void main(String[]args){
        for(int i=1;i<=5;i++){
            if(i==3){
                break;
            }
            System.out.println("第" +i+ "次循环");
        }
        System.out.println("循环结束");
    }
}
```

通过 for 循环输出 i 的值，当 i 的值为 3 时使用 break 语句跳出循环。因此输出结果中并没有出现"第 3 次循环""第 4 次循环""第 5 次循环"。运行结果如图 2-31 所示。

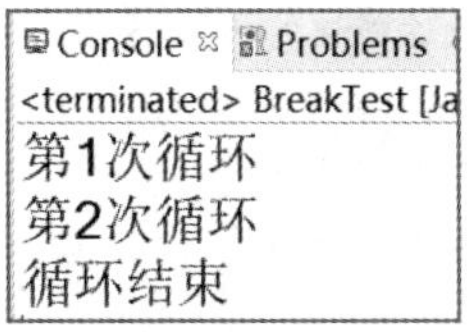

图 2-31　示例 2-18 的运行结果

2. continue 语句

continue 语句用在循环结构中，作用是终止本次循环，立即执行下一次循环，其具体操作可参见示例 2-19。

【示例 2-19】continue 语句的使用。

```
public class ContinueTest{
    public static void main(String[]args){
```

```
            for(int i=1;i<=5;i++){
                if(i==3){
                    continue;
                }
                System.out.println("第" +i+ "次循环");
            }
            System.out.println("循环结束");
        }
    }
```

通过 while 循环输出 i 的值，当 i 的值为 3 时，使用 continue 语句终止本次循环，直接进入下一次循环。因此输出结果中并没有出现"第 3 次循环"。运行结果如图 2-32 所示。

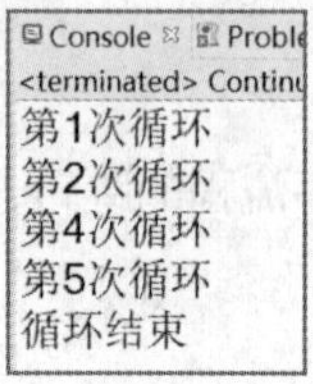

图 2-32 示例 2-19 的运行结果

【任务 2-2】猜数字游戏

【任务描述】

"你出数字我来猜"，顾名思义，就是编写一个猜数字游戏的程序。程序后台预生成一个 0~9 的随机数，用户用键盘输入一个所猜的数字，如果输入的数字和后台预生成的数字相同，则表示猜对了，这时，程序会输出"恭喜您，猜对了！"；如果不相同，则比较输入的数字和后台预生成的数字的大小。如果猜大了，输出"sorry，您猜大了！"；否则，输出"sorry，您猜小了！"。如果猜错，则游戏继续，直到猜对为止。

猜数字游戏程序的运行结果如图 2-33 所示。

图 2-33 猜数字游戏程序的运行结果

【任务目标】

- 学会分析猜数字游戏程序的实现思路。
- 根据思路独立完成猜数字游戏的源代码编写、编译及运行工作。
- 掌握在程序中使用 if 选择结构和 while 循环结构进行运算操作的方法。

【实现思路】

（1）从任务描述中可知，要实现此任务，首先程序后台要预先生成一个 0~9 的随机数，生成随机数可以使用 Random 类中的 nextInt(int n)方法实现。

（2）要使用键盘输入所猜的数字，可以使用 Scanner 类，使后台能够从 System.in 中读取用户输入的数字。

（3）输入数字后，需要比较键盘输入的数字和后台预生成的数字。由于猜数字并不一定一次成功，很可能要多次进行，因此可以通过 while 循环使用户能够多次从键盘输入，每次输入都进行所猜数字对错的判断。如果猜对了，跳出循环，输出"恭喜您，猜对了！"，结束游戏。如果猜错，使用 if…else…语句进行判断，将错误分为猜大了和猜小了两种结果。如果猜大了，输出"sorry，您猜大了！"，继续下一次循环；如果猜小了，输出"sorry，您猜小了！"，继续下一次循环。根据结果，给出提示，接着猜数字，直到猜对为止。

【实现代码】

```java
import java.util.Random;
import java.util.Scanner;
public class GuessNumber{
    public static void main(String[]args){
        //1.通过 Random 类中的 nextInt(int n)方法，生成一个 0~9 的随机数
        int randomNumber=new Random().nextInt(10);
        System.out.println("随机数已生成! ");
        //2.输入猜的数字
        System.out.println("----请输入您猜的数字：----");
        Scanner sc=new Scanner(System.in);
        int enterNumber=sc.nextInt();
        //3.通过 while 循环，进行所猜数字对错的判断
        // 猜对，跳出循环，游戏结束
        while(enterNumber!=randomNumber){
            // 猜错，根据结果，给出提示，接着猜数字，直到猜对为止
            if(enterNumber>randomNumber){
                // 如果猜大了，输出"sorry，您猜大了！"，继续下一次循环
                System.out.println("sorry，您猜大了!");
            }else{
                // 如果猜小了，输出"sorry，您猜小了！"，继续下一次循环
                System.out.println("sorry，您猜小了!");
            }
            // 输入猜的数字
            System.out.println("----请输入您猜的数字：----");
            enterNumber=sc.nextInt();
        }
        System.out.println("恭喜您，猜对了! ");
    }
}
```

上述代码通过 Random 类中的 nextInt(int n)方法生成一个 0~9 的随机数。需要注意的是，此方法用于生成在 0（包括）和指定值 n（不包括）之间的随机数值。使用 while 循环语句来判断，如果猜对了，跳出循环，游戏结束；如果猜错了，通过 while 循环语句继续进行猜数字操作，并在循环内部使用 if…else…语句对猜错的情况进行提示，以便提高下一次猜数字的准确性。还需要注意的是，Scanner 和 Random 类都是 java.util 包下的类，在程序中使用时需要通过 import 语句引入这两个类所在的包。关于 Random 类的更多知识，将在后面进行专门的讲解。

2.6 方法

本节将学习一个新的概念——方法，有的编程语言中称其为函数。在 2.5 节我们学习了循环结构，用于解决编写程序中的重复操作问题。如果功能重复，可以将实现某功能的代码"封装"成方法。方法可以在多个地方被执行，用于完成一个独立的功能。

2.6.1 方法的概念

在前面我们经常使用到 System.out.println()，它是调用系统类 System 中的标准输出对象 out 中的方法 println()。那么什么是方法呢？方法就是一段包含于类或对象中的代码的组合，能够完成一个独立的功能，可以被反复地调用。

2.6.2 方法的定义

方法包含一个方法名和一个方法体。其语法格式如下：

```
修饰符 返回值类型 方法名(参数类型 参数名){
    方法体
    程序语句;
    [return 返回值;]
}
```

具体说明如下。

- 修饰符：是可选的，告诉编译器如何调用该方法，定义了该方法的访问类型。
- 返回值类型：方法最终产生的结果的数据类型。若有返回值，则设置为返回值的数据类型；若无返回值，则设置为 void。
- 方法名：自定义的方法名称，命名规则与变量一样，即第一个单词首字母小写，从第二个单词开始每个单词首字母大写，如 addPerson。
- 参数类型：需要带入方法中的数据的类型。
- 参数名：需要带入方法中的数据所提供的占位符。
- 方法体：方法内部执行的若干行语句，用于定义该方法的功能。
- return：结束方法的执行，并且将返回值返还给调用处。
- [ ]：表示可选项。
- 返回值：方法最终产生的结果数据。

方法的基本操作可参见示例 2-20。

【示例 2-20】创建一个方法，以返回两个整数中的较大值。

```java
public class LargerNumber{
    public static int max(int num1,int num2){
        int result;
        if(num1>num2){
            result=num1;
        }else{
            result=num2;
        }
        return result;
    }
    //更简略的写法（三元运算符）
```

```
    public static int max(int num1,int num2){
        return num1>num2?num1:num2;
    }
}
```

小提示

- 方法的返回值的数据类型必须与返回值类型相对应。
- 参数如果有多个，需要使用逗号分隔。
- 如果没有参数，圆括号内则留空。
- 多个方法的定义与顺序无关。
- 不能在方法内部定义方法。

主方法 main()也是一个方法，方法的访问修饰符为 public static，方法的返回值为 void，方法的名称为 main，圆括号中的 String[]args 为方法的形式参数。主方法 main() 是 Java 程序的入口，由 JVM 运行 Java 程序时调用。由于该方法的返回值类型为 void，因此结束方法的关键字 return 可以省略不写。

2.6.3 方法的调用

方法定义之后，只有被调用时才会被执行。方法调用的常用方式有如下两种。

（1）赋值调用，用于有返回值的方法。将方法的返回值赋给一个变量，注意变量的数据类型必须和方法的返回值类型对应。格式：

数据类型 变量名称= 方法名称(参数值)

具体的操作可参见下面示例。

【示例 2-20 补充】创建一个方法，以返回两个整数中的较大值，并测试此方法的调用。

```
public class LargerNumber{
    public static void main(String[]args){
        int x=4;
        int y=9;
        int z=max(x,y);
        System.out.println("两个整数中的较大值为: " +z);
    }
    public static int max(int num1,int num2){
        int result;
        if(num1>num2){
            result=num1;
        }else{
            result=num2;
        }
        return result;
    }
}
```

运行结果如图 2-34 所示。

图 2-34　示例 2-20 补充的运行结果

（2）单独调用，用于无返回值的方法。其具体操作可参见示例 2-21。

【示例 2-21】创建一个方法，以求两个整数之和，并测试此方法的调用。

```java
public class Sum{
    public static void main(String[]args){
        int x=23;
        int y=30;
        sum(x,y);        //单独调用
    }
    public static void sum(int a,int b){    //此方法无返回值
        int c=a+b;
        System.out.println("两个整数之和: "+c);
    }
}
```

运行结果如图 2-35 所示。

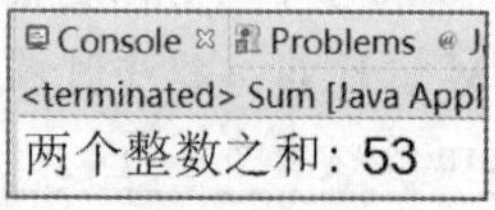

```
Console  Problems  J
<terminated> Sum [Java Appl
两个整数之和：53
```

图 2-35 示例 2-21 的运行结果

2.6.4 方法的重载

在同一个类中，允许存在一个以上的同名方法，只要它们的参数个数或者参数类型不同即可，这就是方法的重载。其具体操作可参见示例 2-22。

【示例 2-22】创建两个同名方法，这两个方法分别用于求两个整数之和及求三个整数之和。

```java
public class Override{
    public static void main(String[]args){
        int x=23;
        int y=30;
        System.out.println("两个整数之和为: " +add(x,y));
        int a=20;
        int b=30;
        int c=40;
        System.out.println("三个整数之和为: " +add(a,b,c));
    }
    //add方法，包含两个参数，用于求两个整数之和
    public static int add(int num1,int num2){
        return num1+num2;
    }
    //add方法重载，包含三个参数，用于求三个整数之和
    public static int add(int num1,int num2,int num3){
        return num1+num2+num3;
    }
}
```

运行结果如图 2-36 所示。

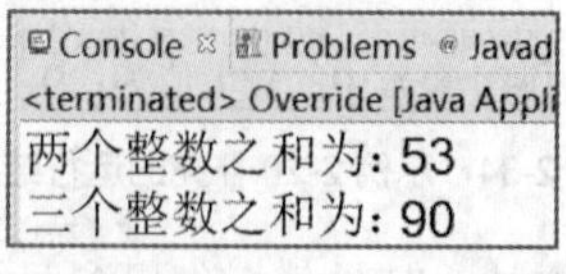

```
Console  Problems  Javad
<terminated> Override [Java Appl
两个整数之和为：53
三个整数之和为：90
```

图 2-36 示例 2-22 的运行结果

2.7 数组

2.7.1 数组的概念

如果要求定义 100 个整型变量，按照前面学习的方法，就需要写 100 条变量定义语句。如果再要求依次输出这 100 个变量的值，意味着要编写 System.out.println()语句 100 次，这实在是太过烦琐。这种情况就要用到数组了。

在 Java 中，可以使用这样的方式来定义一个数组，例如：

```
int[]x=new int[100];
```

上述语句就相当于在内存中定义了 100 个整型变量，第 1 个变量的名称为 x[0]，第 2 个变量的名称为 x[1]，依此类推，第 100 个变量的名称为 x[99]，这些变量的初始值都是 0。方括号"[]"中的整数是数组的索引，也称为数组的下标，是数组中每个元素的编号，最小值为 0，最大值为数组长度-1。

2.7.2 数组的声明及初始化

Java 中的数组必须先声明及初始化才可以使用。声明就是为数组命名并指定数组元素的数据类型，初始化就是为数组元素分配内存空间、赋初值，并指明数组的长度。

数组的声明及初始化分为以下 3 种方式。

（1）静态初始化：初始化时由程序员显式指定每个数组元素的初始值，由系统决定数组的长度。其格式如下：

```
数据类型[]  数组名 =new 数据类型[] { 数据1，数据2，数据3，… } ;
```

等号左侧的部分是数组的声明，给出了数组的名字和数组元素的数据类型；等号右侧的部分为当前数组进行内存空间的分配。"{}"中为指定的数组元素，使用逗号隔开，元素的个数即当前数组的长度。例如：

```
int[] intArr=new int[]{1,2,3,4,5,9};
```

含义：创建一个整型数组 intArr，1、2、3、4、5、9 为当前数组所包含的元素，数组长度为 6。

（2）静态初始化的简化方式，格式如下：

```
数据类型[]  数组名 = { 数据1，数据2，数据3，… } ;
```

例如：

```
String[]strArr= {"张三","李四","王五"};
```

以上两种方式均为数组的静态初始化，但是为了简便，建议采用第二种方式。

（3）动态初始化：初始化时由程序员指定数组的长度，由系统设定每个数组元素的默认初始值。其格式如下：

```
数据类型[]  数组名 =new 数据类型[长度];
```

数据类型不同，默认初始化值也是不一样的，如表 2-9 所示。

表 2-9　不同数据类型对应的默认初始化值

数据类型	默认初始化值
byte、short、int、long	0
float、double	0.0
char	一个空字符，即'\u0000'
boolean	false
引用数据类型（类、数组、接口、字符串）	null

例如：
```
int[]price=new int[3];
```
含义：创建一个整型数组 price，数组长度为 3，即包含 3 个整型元素，每个元素的默认初始值为 0。

小提示

（1）不要同时使用静态初始化和动态初始化。也就是说，不要在进行数组初始化时，既指定数组的长度，又为每个数组元素分配初始值。

（2）一旦数组完成初始化，数组在内存中所占的空间将被固定下来，所以数组的长度将不可改变。

（3）为了方便获得数组的长度，Java 为数组提供了 length 属性，在程序中可以通过"数组名.length"的方式来获得数组的长度，即其元素的个数。

（4）每个数组的索引都有一个范围，即 0～length-1。在访问数组的元素时，索引不能超出这个范围，否则程序会报错 ArrayIndexOutOfBoundsException（越界异常）。

（5）在使用变量引用一个数组时，变量必须指向一个有效的数组对象。如果该变量的值为 null，则意味着没有指向任何数组，此时通过该变量访问数组的元素会报错 NullPointerException（空指针异常）。

2.7.3 数组的常用操作

1. 数组的遍历

通过声明和初始化，我们就可以成功地创建数组。那么，数组应该如何使用呢？使用数组，实际上就是访问数组中的元素。例如，对于数组 int[]arr= {5,7,2,4}，我们该如何访问其中的元素呢？

想要访问数组中的元素，就要用到数组的索引了。可以这样理解：数组的索引实际上就是数组元素的编号。上面的例子中，5 是第 1 个元素，7 是第 2 个元素，2 是第 3 个元素，4 是第 4 个元素。但是 Java 中数组的编号是从 0 开始的，于是索引就是 0、1、2、3。

我们通过索引即可访问数组中某个元素，格式为：

数组名[索引]

上面的例子中，元素 7 的下标为 1，即可通过 arr[1]访问该元素。

因为数组中的每个元素都可以通过索引来访问，所以，使用标准的 for 循环就可以完成数组的遍历。具体操作可参见示例 2-23。

【示例 2-23】访问数组中的元素。

```java
public class Array_01{
    public static void main(String[]args){
        int[]intArr=new int[3];      //整型数组 intArr，长度为 3
        intArr[0] =10;       //将下标为 0 的元素赋值为 10
        intArr[2] =20;       //将下标为 2 的元素赋值为 20
        System.out.println("数组长度为: "+intArr.length);
        //循环访问所有元素，索引为 0 到 length-1
        for(int i=0;i<intArr.length;i++){
            //输出当前索引的元素，intArr[1]为默认初始值 0
            System.out.println("索引" +i+ "元素: " +intArr[i]);
        }
    }
}
```

运行结果如图 2-37 所示。

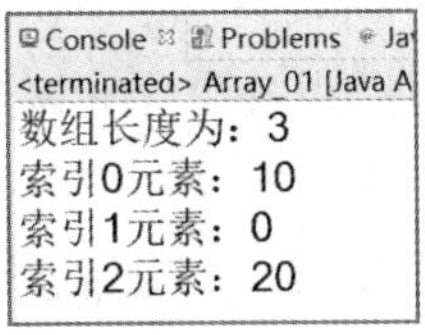

```
Console  Problems  Ja
<terminated> Array_01 [Java A
数组长度为：3
索引0元素：10
索引1元素：0
索引2元素：20
```

图 2-37　示例 2-23 的运行结果

还可以使用 foreach 循环（增强 for 循环），直接遍历数组的每个元素，具体操作可参见示例 2-24。

【示例 2-24】使用 foreach 循环遍历数组。

```java
public class Array_02{
    public static void main(String[]args){
        int[]ns= {1,4,9,16,25};
        for(int i:ns){
            System.out.print(i+ " ");
        }
    }
}
```

运行结果如图 2-38 所示。

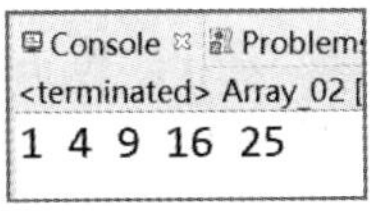

```
Console  Problem
<terminated> Array_02 [
1 4 9 16 25
```

图 2-38　示例 2-24 的运行结果

2. 数组元素中的最值

在操作数组时，经常需要获取数组元素中的最值。接下来通过示例 2-25 来演示如何获取数组元素中的最大值。

【示例 2-25】获取数组元素中的最大值。

```java
public class GetMaxNumber{
    public static void main(String[]args){
        int[]arr= {4,1,6,3,9,8}; // 定义一个数组
        int max=getMax(arr); // 调用获取元素最大值的方法
        System.out.println("max=" +max); // 输出最大值
    }
    public static int getMax(int[]arr){
        int max=arr[0]; // 定义变量 max 用于记录最大值，首先假设第一个元素为最大值
        // 下面通过 for 循环遍历数组中的元素
        for(int x=1;x<arr.length;x++){
            if(arr[x] >max){ // 比较 arr[x]的值是否大于 max
                max=arr[x]; // 条件成立，将 arr[x]的值赋给 max
            }
        }
        return max; // 返回最大值 max
    }
}
```

getMax()方法用于求数组元素中的最大值，该方法中定义了临时变量 max，用于记录数组元素中的最大值。首先假设数组中第一个元素 arr[0]为最大值，然后使用 for 循环对数组进行遍历，在遍历

的过程中只要遇到比 max 值还大的元素,就将该元素赋值给 max。这样一来,变量 max 就能够在循环结束时记录到数组中的最大值。需要注意的是,for 循环中的变量 i 是从 1 开始的,原因是程序已经假设第一个元素为最大值,for 循环只需要从第 2 个元素开始比较,从而提高了程序的运行效率。运行结果如图 2-39 所示。

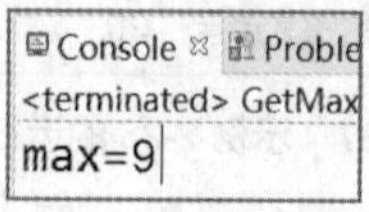

图 2-39 示例 2-25 的运行结果

3. 数组排序

在操作数组时,经常需要对数组中的元素进行排序。下面介绍一种比较常见的排序算法——冒泡排序。在进行冒泡排序的过程中,不断地比较数组中相邻两个元素的大小,较小者向上浮,较大者向下沉,整个过程和水中气泡上升的原理相似。

接下来通过几个步骤来具体分析一下冒泡排序的整个过程,具体步骤如下。

(1) 从第一个元素开始,将相邻两个元素的大小依次进行比较,直到最后两个元素完成比较。如果前一个元素比后一个元素大,则交换它们的位置。整个过程完成后,数组中最后一个元素自然就是最大值,这样也就完成了第一轮比较。

(2) 除了最后一个元素,将剩余的元素继续进行两两比较,过程与第一步相似,这样就可以将数组中第二大的数放在倒数第二个位置。

(3) 依此类推,持续对越来越少的元素重复上面的步骤,直到没有任何一对元素需要比较为止。

了解了冒泡排序的原理之后,接下来通过示例 2-26 来实现冒泡排序。

【示例 2-26】冒泡排序。

```java
public class ArrayBubbleSort{
    public static void main(String[]args){
        int[]arr= {9,8,3,5,2};
        System.out.print("冒泡排序前: ");
        printArray(arr); // 输出数组元素
        bubbleSort(arr); // 调用排序方法
        System.out.print("冒泡排序后: ");
        printArray(arr); // 输出数组元素
    }
    // 定义输出数组元素的方法
    public static void printArray(int[]arr){
        // 循环遍历数组的元素
        for(int i=0;i<arr.length;i++){
            System.out.print(arr[i] + " "); // 输出元素和空格
        }
        System.out.print("\n");
    }
    // 定义对数组进行排序的方法
    public static void bubbleSort(int[]arr){
        // 定义外层循环
        for(int i=0;i<arr.length-1;i++){
            // 定义内层循环
            for(int j=0;j<arr.length-i-1;j++){
```

```
                if(arr[j] >arr[j+1]){   // 比较相邻元素
                    // 下面的 3 行代码用于交换两个元素
                    int temp=arr[j];
                    arr[j] =arr[j+1];
                    arr[j+1] =temp;
                }
            }
            System.out.print("第" + (i+1)+ "轮排序后: ");
            printArray(arr); // 每轮比较结束输出数组元素
        }
    }
}
```

bubbleSort()方法通过嵌套 for 循环实现了冒泡排序。其中，外层循环用来控制比较的轮数，每一轮比较都可以确定一个元素的位置。由于最后一个元素不需要进行比较，因此外层循环的次数为 arr.length-1。内层循环的循环变量用于控制每轮比较的次数，它被作为索引去比较数组的元素。由于变量在循环过程中是自增的，这样就可以使相邻元素依次进行比较。在每次比较时，如果前者小于后者，就交换两个元素的位置。运行结果如图 2-40 所示。

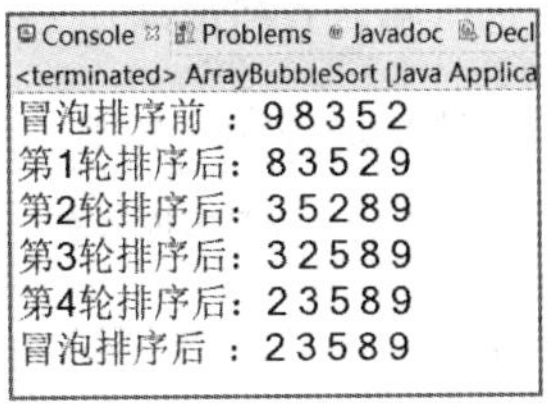

图 2-40　示例 2-26 的运行结果

2.7.4　多维数组

多维数组可以看成数组的数组，例如二维数组就是特殊的一维数组，其中每一个元素都是一个一维数组。定义一个二维数组，如下：

```
int[][]ns= { {1,2,3,4}, {5,6,7,8}, {9,10,11,12} };
        System.out.println(ns.length);  // 数组ns的长度为3
```

因为 ns 包含 3 个一维数组，因此，ns.length 为 3。实际上，ns 在内存中的结构如图 2-41 所示。

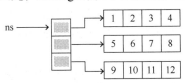

图 2-41　ns 在内存中的结构

二维数组中每个数组元素的长度并不要求相同，例如，可以定义 ns 数组如下：

```
int[ ][ ]ns= { {1,2,3,4}, {5,6}, {7,8,9} };
```

这个二维数组在内存中的结构如图 2-42 所示。

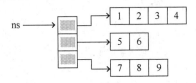

图 2-42　二维数组在内存中的结构

要输出二维数组，可以使用两层嵌套的 for 循环：

```
for(int[ ]arr:ns){
    for(int n:arr){
        System.out.print(n);
        System.out.print(', ');
    }
    System.out.println();
}
```

【任务 2-3】统计平均分功能

【任务描述】

编写一个程序，将某位学生的各科成绩加入成绩数组中，遍历数组，统计并输出平均分。
任务运行结果如图 2-43 所示。

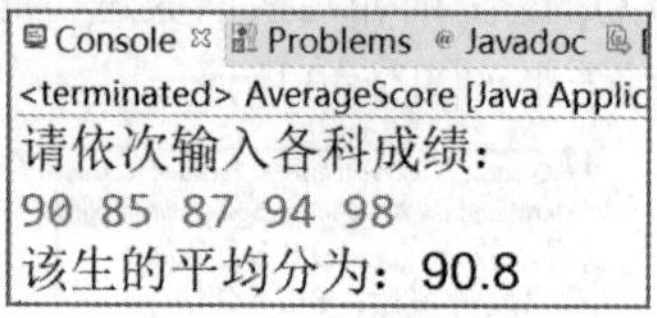

```
Console   Problems   Javadoc
<terminated> AverageScore [Java Applic
请依次输入各科成绩：
90 85 87 94 98
该生的平均分为：90.8
```

图 2-43 任务运行结果

【任务目标】

- 学会分析统计平均分功能任务的实现思路。
- 能够使用数组解决多个成绩的存储问题。
- 能够遍历数组元素，并进行进一步的数据处理。

【实现思路】

（1）如果将每一科成绩都定义为一个变量进行存储，则会出现过多的单个变量，很难一次性将全部数据进行处理。此时，可以使用数组解决多个数据的存储问题。创建一个可以存储多科成绩的数组，数组的长度就是需统计的科目数量。
（2）用键盘输入各科成绩，将输入的成绩依次存储到数组中。
（3）对成绩数组进行遍历，通过累加各元素的值获得总成绩。
（4）数组的长度即科目数量，利用总成绩及科目数量即可得到学生的平均分。

【实现代码】

```
import java.util.Scanner;
public class AverageScore{
    public static void main(String[]args){
        int[]scores=new int[5];    //创建成绩数组
        int sum=0;    //初始化总成绩
        Scanner sc=new Scanner(System.in);
        System.out.println("请依次输入各科成绩：");
        for(int i=0;i<scores.length;i++){
            scores[i] =sc.nextInt();
            sum=sum+scores[i];//依次累加成绩
        }
        //统计并输出平均分
```

```
        System.out.println("该生的平均分为: " + (double)sum/scores.length);
    }
}
```

本章小结

　　本章首先介绍了 Java 的基本语法、常量、变量及数据类型，以及 Java 中常用的运算符。之后介绍了 Java 中的选择结构及循环结构的原理及语法结构，并通过相关示例讲解了各自的应用场景。接着介绍了方法的定义及调用方式，最后介绍了 Java 中的数组的概念，并通过示例详细讲解了数组的相关操作。通过本章的学习，读者能够基本掌握 Java 的基本语法。本章的重点是选择结构、循环结构及数组。

练习题

一、填空题

1. 标识符以_____、_____或_____开始，并包含这些字符和数字的字符序列。
2. 布尔型变量的值只有两种，为_____和_____。
3. 浮点型包括_____和_____两种数据类型，它们是带符号的（有正负之分），表示的是数学中的小数。
4. Java 允许的 3 种注释方法为_____、_____、_____。
5. 若 a 为 int 型变量且赋值为 6。执行语句 a--后 a 的值是_____，继续执行语句 a++后 a 的值是_____。
6. 表达式(10/3)的值是_____，表达式(10%3)的值是_____。
7. 在 Java 的循环结构中，_____关键字用来终止本次循环，立即进入下一次循环。
8. 数组元素的索引是从_____到_____。

二、选择题

1. 下列关于变量命名规范的说法正确的是（　　）。
    A. 变量由字母、下画线、数字、$符号随意组成
    B. 变量不能以数字开头
    C. A 和 a 在 Java 中是同一个变量
    D. 不同类型的变量，可以起相同的名字
2. 表达式(11+3*8)/4%3 的值是（　　）。
    A. 31　　　　　　B. 0　　　　　　　C. 1　　　　　　　D. 2
3. 以下程序的运行结果是（　　）。
```
int a;
a=6;
System.out.print(a);
System.out.print(a++);
System.out.print(a);
```
    A. 6、6、6　　　　B. 6、6、7　　　　C. 6、7、7　　　　D. 6、7、6
4. 若 a 的值为 3，下列程序被执行后，c 的值是（　　）。
```
if ( a>10 ) c = 2;
```

```
else if( a>0 ) c = 3;
else c = 4;
```
     A. 1   B. 2   C. 3   D. 4

5. 三元运算符的功能与（　　）语句的功能等同。

    A. if   B. if…else   C. if…else if…else   D. for

6. 关于 while 和 do…while 循环，下列说法正确的是（　　）。

    A. 两种循环除了格式不同外，功能完全相同

    B. do…while 语句首先计算循环条件，当条件满足时，才去执行循环体中的语句

    C. 与 do…while 语句不同的是，while 语句中的循环体至少执行一次

    D. 以上都不对

7. Java 中 main() 方法的返回值是（　　）。

    A. String   B. int   C. char   D. void

8. 以下不能正确为数组赋值的是（　　）。

    A. int a[ ]={1,2,3,4};

    B. int[ ]b=new int[4];b[0]=1;b[1]=2;b[2]=3;b[3]=4;

    C. int c[ ];c={1,2,3,4};

    D. int d[ ];d=new int[ ]{1,2,3,4};

三、编程题

1. 输入 3 个整数，输出最大值。
2. 输入 1～9 的一个数字，输出以该数字开头的一个成语。
3. 计算 100 以内所有奇数的和。
4. 在控制台输出九九乘法表。
5. 创建一个字符串数组，并遍历输出数组中的所有元素。

上机实战

实战 2-1　铁路售票系统的余票查询功能

❓ 需求说明

请根据铁路售票系统的余票查询功能分析相应变量的数据类型并使用变量存储数据，在控制台中输出相关信息，运行结果如图 2-44 所示。

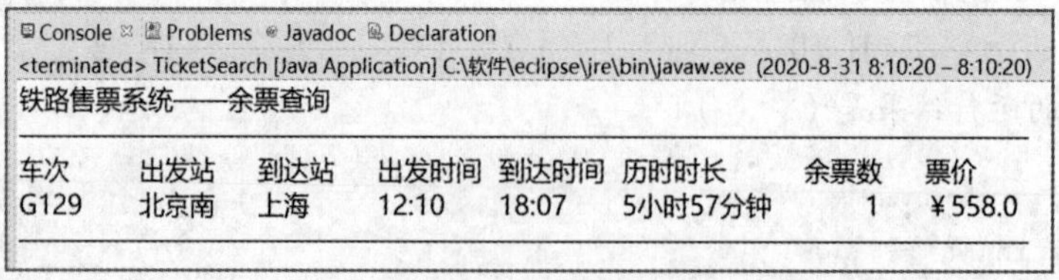

图 2-44　铁路售票系统的余票查询功能程序的运行结果

❓ 实现思路

（1）新建类 TicketSearch。

（2）编写主方法 public static void main(String[]args){}。

（3）车次、出发站、到达站、出发时间、到达时间、历时时长均为 String 型，声明变量并使用变量存储相应的值，余票数为 int 型，票价为 double 型。

（4）使用输出语句 System.out.println()结合转义字符"\t"输出信息。

参考解决方案可以在配套资源中获取或扫描二维码查看。

实战 2-2 网站会员登录功能

? 需求说明

实现网站会员系统的会员登录功能，运行结果如图 2-45 所示。

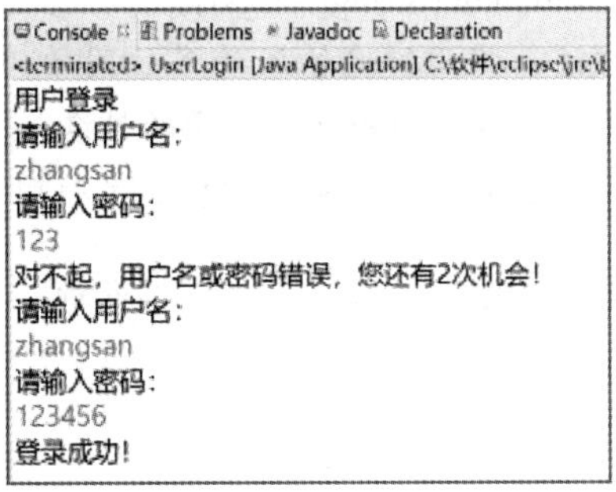

实战 2-1 参考解决方案

图 2-45 网站会员登录功能程序的运行结果

? 实现思路

（1）新建类 UserLogin。
（2）编写主方法 public static void main(String[]args){}。
（3）登录时账号和密码最多可输入 3 次，次数通过 for 循环固定，即循环的次数为 3 次。
（4）在 for 循环中提示输入用户名和密码并声明 String 型的变量来存储数据。
（5）使用 if…else…分支结构进行验证，String 型的验证使用 equals()方法。
（6）若用户名和密码均正确，将 isLogin 的值修改为 false，并使用 break 退出 for 循环。
（7）若用户名或密码不正确，继续使用 if…else…判断输出还有几次机会，3 次均输入错误提示"对不起，3 次均输入错误！"。

参考解决方案可以在配套资源中获取或扫描二维码查看。

实战 2-2 参考解决方案

实战 2-3 课堂随机点名器

? 需求说明

编写一个课堂点名的程序，使老师能够在全班同学中随机点中某一名同学。课堂随机点名器具备 3 个功能，包括存储全班同学姓名、总览全班同学姓名和随机点中其中一人。例如课堂随机点名器首先向班级存入"张浩""李明""王玫"这 3 位同学的姓名，然后总览全班同学的姓名，输出这 3 位同学的姓名。最后在这 3 位同学中随机选择一位，并输出该同学的姓名，至此课堂点名成功。任务程序的运行结果如图 2-46 所示。

```
--------课堂随机点名器--------
存储第1个姓名：
张浩
存储第2个姓名：
李明
存储第3个姓名：
王玫
第1个学生姓名：张浩
第2个学生姓名：李明
第3个学生姓名：王玫
被点到名的同学是：李明
```

图 2-46　课堂随机点名器程序的运行结果

实现思路

（1）新建类 RollCall。

（2）编写主方法 public static void main(String[ ]args){ }。

（3）编写 addStudentName 方法：将用键盘输入的多位同学的姓名存储到数组中。

（4）编写 printStudentName 方法：遍历输出所有同学的姓名。

（5）编写 randomStudentName 方法：按照随机索引输出某位同学的姓名。

参考解决方案可以在配套资源中获取或扫描二维码查看。

实战 2-3 参考解决方案

03 第 3 章　面向对象（上）

本章目标
- 了解面向对象的三大特征。
- 会定义类，会创建与使用对象。
- 会定义和使用局部变量与成员变量。
- 会定义和使用类的构造方法及其重载。
- 会声明包、导入包。
- 会使用 private 关键字，能对类实现封装。
- 会使用 this 关键字。
- 会使用 static 关键字。

3.1　类与对象

　　Java 是一门面向对象的程序设计语言，了解面向对象的编程思想对于学习 Java 开发相当重要。本章和第 4 章将详细讲解如何使用面向对象的思想开发 Java 应用。

　　面向对象是一种符合人类思维习惯的编程思想。现实生活中存在各种形态的事物，这些事物之间存在着各种各样的联系。在程序中使用对象来映射现实中的事物，使用对象的关系来描述事物之间的联系，这种思想就是面向对象。

　　提到面向对象，自然会想到面向过程。面向过程是分析出解决问题所需要的步骤，然后用函数把这些步骤一一实现，使用的时候依次调用对应的函数就可以了。面向对象则是把构成问题的事物按照一定规则划分为多个独立的对象，然后通过调用对象的方法来解决问题。当然，一个应用程序会包含多个对象，可通过多个对象的相互配合来实现应用程序的功能，这样当应用程序功能发生变动时，只需要修改个别的对象就可以了，代码更容易得到维护。面向对象的特征主要可以概括为封装、继承和多态，接下来对这 3 种特征进行简单介绍。

　　1. 封装

　　封装是面向对象的核心思想，即将对象的属性和行为封装起来，不需要让外界知道具体实现细节。例如，用户使用计算机，只需要使用手指敲键盘就可以了，无须知道计算机内部是如何工作的，即使用户可能知道计算机的工作原理，但在使用时，并不完全依赖计算机工作原理这些细节。

2. 继承

继承主要描述的是类与类之间的关系，通过继承，可以在无须重新编写原有类的情况下，对原有类的功能进行扩展。例如，有一个汽车的类，该类中描述了汽车的普通特性和功能，而轿车的类中不仅应该包含汽车的普通特性和功能，还应该增加轿车特有的特性和功能。这时，可以让轿车类继承汽车类，在轿车类中单独添加轿车的特性和功能就可以了。继承不仅增强了代码的复用性、提高了开发效率，还为程序的维护提供了便利。

3. 多态

多态指的是在程序中允许出现重名现象。在一个类中定义的属性和方法被其他类继承后，它们可以具有不同的数据类型或表现出不同的行为，这使得同一个属性和方法在不同的类中具有不同的语义。例如，当听到"Cut"这个单词时，理发师的行为表现是剪发，演员的行为表现是停止表演。不同的对象所表现出的行为是不一样的。

3.1.1 类与对象概述

面向对象的编程思想力图让程序中对事物的描述与该事物在现实中的形态保持一致。为了做到这一点，面向对象的编程思想中用到了两个概念，即类和对象。其中，类是对某一类事物的抽象描述，而对象用于表示现实中该类事物的个体。类可以理解为类别，每个类别都有每个类别的特点，例如我们通常说的人类，指具体的哪个人了吗？没有，它指的是一个类别，张三、李四、王五都属于这个类别，而张三、李四、王五都是看得见的个体，所以他们是这个类别中的某个具体的对象。

Java 是一门面向对象的程序设计语言，在 Java 中存在"万物皆对象"的说法。类和对象是 Java 程序设计的基础。类是抽象的，是创建对象的模板；对象是具体的，是类的实例。下面来介绍如何定义类，并使用定义的类创建对象。

3.1.2 类的定义

类中可以定义成员变量和成员方法，其中成员变量用于描述对象的特征，也被称作属性；成员方法用于描述对象的行为，通常简称为方法。接下来介绍如何定义一个类。具体操作可参见示例 3-1。

【示例 3-1】编写 Person 类。

```
public class Person{        //编写类名 Person
    String name;            //定义 String 型的成员变量 name
    void introduce(){       //定义 introduce()成员方法
        System.out.println("大家好，我是"+name);
        //在成员方法 introduce()中直接访问成员变量 name
    }
}
```

类编写完成后，程序并不能运行，因为类是抽象的，还需要根据类创建对象。

3.1.3 对象的创建与使用

在 Java 中使用 new 关键字来创建对象，语法格式如下：

类名 对象名=new 类名();

例如,创建 Person 类的对象 p 的代码:

```
Person p=new Person();
```

Person p 声明了一个 Person 类的引用变量 p。引用变量 p 属于 Java 中类型比较简单的变量,与基本数据类型变量一样,存在于栈内存中,在定义它的代码块内有效。new Person()用于分配堆内存空间,创建出 Person 类对象,该类对象存在于堆内存中,由垃圾回收机制管理。"="用于将该内存空间地址赋值给引用变量 p。通常会将引用变量 p 所引用的对象简称为 p 对象。对象的内存状态如图 3-1 所示。

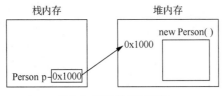

图 3-1　对象的内存状态

创建对象后,可通过引用变量及"."运算符来访问对象的成员。具体操作可参见示例 3-2。

【示例 3-2】对象的创建与使用。

```
class Person{
    String name;
    public void introduce(){
        System.out.println("大家好,我是"+name);
    }
}
public class ObjectCreateDemo{
    public static void main(String[]args){
        Person p=new Person();
        p.name="张三";
        p.introduce();
    }
}
```

运行结果如图 3-2 所示。

图 3-2　运行结果

3.1.4　类和对象的使用扩展

首先看示例 3-3,为创建多个对象的具体操作。

【示例 3-3】创建多个对象。

```
class Person{
    //成员变量
    String name;
    int age;
    //成员方法
```

```
    public void introduce(){
        System.out.println("大家好,我是"+name+",今年"+age+"岁了。");
    }
}
public class ObjectCreateMoreDemo{
    public static void main(String[]args){
        //声明并创建对象p1
        Person p1=new Person();
        p1.introduce();

        Person p2=new Person();
        //引用对象p2的成员变量name
        p2.name="李四";
        p2.age=18;
        //引用对象p2的成员方法introduce()
        p2.introduce();
    }
}
```

运行结果如图3-3所示。

程序中,对象p1、p2的内存状态如图3-4所示。

图3-3 运行结果

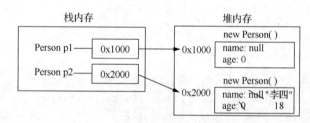

图3-4 对象p1、p2的内存状态

示例3-3的代码中,通过"p2.age=18"将p2对象的age属性赋值为18,但并没有对p1对象的age属性进行赋值,按理说p1对象的age属性应该是没有值的。但从运行结果可以看出,p1对象的age属性也是有值的,其值为0。这是因为在实例化对象时,JVM会自动对成员变量进行初始化,针对不同类型的成员变量,JVM会赋予其不同的初始值,如表3-1所示。

表3-1 成员变量的初始值

成员变量类型	初始值
byte	0
short	0
int	0
long	0L
float	0.0F
double	0.0D
char	空字符,'\u0000'
boolean	false
引用数据类型	null

小提示

对象必须先创建、后使用,否则会发生空指针异常。
```
Person p=new Person();
    p.age=18;
    p=null;
    p.introduce();   //空指针异常
```

3.2 成员变量与局部变量

在 Java 中，定义在类中的变量被称为成员变量，定义在方法中或者方法声明上的变量被称为局部变量。

成员变量和局部变量的区别如下。

（1）在类中的位置不同。

成员变量：在类中方法外，即类的属性。

局部变量：在方法定义中、代码块中，或作为方法的形式参数出现。

（2）在内存中的位置不同。

成员变量：在堆内存。

局部变量：在栈内存。

（3）生命周期不同。

成员变量：随着对象的创建而存在，随着对象的消失而消失。

局部变量：随着方法的调用而存在，随着方法的调用完毕而消失。

（4）初始值不同。

成员变量：有默认初始值。所有的引用数据类型默认初始值都是 null，基本数据类型 int 的默认初始值是 0，double 型的默认初始值是 0.0D，boolean 型的默认初始值是 false。

局部变量：没有默认初始值，必须先定义、赋值，然后才能使用。

（5）优先级不同。

在某一个方法中定义的局部变量与成员变量名称相同，这种情况是允许的，在方法中使用它们的时候，采用的是就近原则。此时方法中通过变量名访问到的是局部变量，而并非成员变量，也就是说局部变量的优先级更高。

有关成员变量和局部变量的具体操作可参见示例 3-4 和示例 3-5。

【示例 3-4】查看成员变量与局部变量的初始值。

```java
class Var{
    // 成员变量
    int num; // 默认初始值为 0
    public void show(){
        int num2; //没有默认初始值
        System.out.println(num2); //可能尚未初始化变量 num2

        int num2=10; // 必须先定义、赋值，然后才能使用
        System.out.println(num2);
        System.out.println(num);
    }
}
public class VariableDemo{
    public static void main(String[]args){
        Var v=new Var();
        System.out.println(v.num); // 访问成员变量
        v.show();
    }
}
```

运行结果如图 3-5 所示。

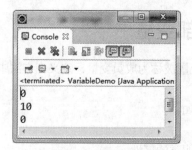

图 3-5 运行结果

【示例 3-5】探究成员变量与局部变量的优先级。

```
class Person{
    String name="张三";          //类中定义的成员变量
    void introduce(){
        String name="李四"; //方法中定义的局部变量
        System.out.println("大家好，我是"+name);
    }
}

public class VariablePriorityDemo{
    public static void main(String[]args){
        Person p=new Person();
        p.introduce();
    }
}
```

示例 3-5 的代码中，在 Person 类的 introduce()方法中有一条输出语句，其中访问的是局部变量 name。也就是说，当另外一个程序调用 introduce()方法时，输出的值是"大家好，我是李四"，而不是"大家好，我是张三"。

运行结果如图 3-6 所示。

图 3-6 运行结果

3.3 构造方法

3.3.1 构造方法的定义

构造方法也称为构造器或者构造函数，是与类同名且没有返回值、还不能写 void 关键字的方法，在此类方法中不能使用 return 返回值，但是可以单独使用 return 语句来结束方法。构造方法通常负责对象的初始化，也就是创建对象，或者称为实例化对象。

如果在类中没有定义任何构造方法，则系统会自动为类提供一个默认构造方法，该默认构造方法无参数，方法体为空，用于创建对象。而如果在类中手动定义了构造方法，则系统将不再提供默认构造方法。

构造方法是类的一个特殊成员，它在实例化对象时被自动调用，用在 new 关键字之后。

示例 3-6 所示为创建对象的具体操作。

【示例 3-6】创建对象。

```
class Person{
    String name;
    void introduce(){
        System.out.println("大家好，我是" +name);
    }
}
public class DefConstructorDemo{
    public static void main(String[]args){
        Person p=new Person();//调用默认构造方法来创建对象
        p.name="张三";
        p.introduce();
    }
}
```

运行结果如图 3-7 所示。

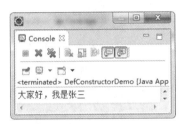

图 3-7　运行结果

在 Person 类中手动定义构造方法，代码如下：

```
class Person{
    String name;
    Person(String n){
        name=n;
    }
    void introduce(){
        System.out.println("大家好，我是" +name);
    }
}
public class DefConstructorDemo{
    public static void main(String[]args){
        Person p=new Person();//调用默认构造方法来创建对象，构造方法未定义
        p.name="张三";
        p.introduce();
    }
}
```

"Person p=new Person();"语句会报错，系统提示构造方法未定义。

解决方法有如下两种。

- 方法一：在 Person 类中手动定义一个无参数的构造方法 Person(){ }。
- 方法二：在测试类中将"Person p=new Person();"语句换成"Person p=new Person("张三");"，调用有参数的构造方法来创建对象。

小提示　　在 Java 程序中，如果为类定义了有参数的构造方法，建议同时定义一个无参数的构造方法。

3.3.2　构造方法的重载

前面学习方法的时候，我们知道方法可以重载，而构造方法也是方法，所以构造方法也可以重载。构造方法重载就是指在同一个类中，定义多个参数不同（如参数类型不同、参数个数不同、参数顺序不同等）的构造方法。

在创建对象时，可以调用不同的构造方法以不同的方式实现对象的初始化。示例 3-7 为构造方法的重载。

【示例 3-7】构造方法的重载。

```java
class Person{
    String name;
    int age;
    //手动定义一个无参数的构造方法
    Person(){
    }
    //定义一个有一个String型参数的构造方法
    Person(String n){
        name=n;
    }
    //定义一个有一个int型参数的构造方法
    Person(int a){
        age=a;
    }
    //定义一个有两个参数的构造方法
    Person(String n,int a){
        name=n;
        age=a;
    }
    public void introduce(){
        System.out.println("大家好，我是" +name+ ",今年" +age+ "岁了.");
    }
}
public class ConstructorOverloadDemo{
    public static void main(String[]args){
        // 调用无参数的构造方法创建对象
        Person p=new Person();;
        p.introduce();
        // 调用有一个String型参数的构造方法创建对象
        Person p2=new Person("李四");
        p2.introduce();
        // 调用有一个int型参数的构造方法创建对象
        Person p3=new Person(20);
        p3.introduce();
        // 调用有两个参数的构造方法创建对象
        Person p4=new Person("赵六",21);
        p4.introduce();
    }
}
```

运行结果如图 3-8 所示。

图 3-8 运行结果

示例 3-7 代码的 Person 类中定义了 4 个构造方法，它们构成了重载。在创建 p、p2、p3、p4 对象时，根据传入参数的不同，分别调用不同的构造方法。从程序的运行结果可以看出，4 个构造方法对属性赋值的情况是不一样的，其中无参数的构造方法没有对属性进行赋值，这时 name 属性的值为默认初始值 null，age 属性的值为默认初始值 0；有一个 String 型参数的构造方法只对 name 属性进行赋值，age 属性的值为默认初始值 0；有一个 int 型参数的构造方法只对 age 属性进行赋值，name 属性的值为默认初始值 null。

小提示

如果构造方法使用 private 来修饰，则在类外不能使用 new 实例化对象。例如运行下面的代码时，会发现 Eclipse 中出现了一条错误提示信息。

```
class Person{
    //构造方法使用private修饰
    private Person(){
    }
}
public class PrivateTest{
    public static void main(String[]args){
        Person p=new Person();
    }
}
```

Eclipse 中出现的错误提示信息为："The constructor Person() is not visible"，即构造方法 Person() 不可见。出现此错误的原因是 private 关键字修饰的构造方法 Person() 只能在 Person 类中被访问。也就是说，Person() 构造方法是私有的，不可以被外界调用，也就无法在类的外部创建该类的实例对象。因此，为了方便在类外实例化对象，构造方法通常使用 public 来修饰。

3.4 包

开发一个大型、复杂的项目时，类和接口的数量会很大，往往需要多人合作来完成，这样数量庞大的类和接口就可能出现命名冲突的情况。如果把它们全放在一起，会显得杂乱无章，难以管理。为了解决类的命名冲突和管理问题，Java 引入了包机制。Java 通过 package 和 import 关键字进行有关包的操作。

3.4.1 声明包

Java 中允许将一组功能相关的类放在同一个 package 下，从而组成逻辑上的类库单元。package 关键字用于声明包。

```
package com.sjzlg.data;    //声明包 com.sjzlg.data
```

其中"com.sjzlg.data"是包的名字，通常包的名字全部为小写字母。包的名字有层次关系，各层次之间以点分隔。为了能够定义一个全球唯一且又具有一定实际意义的包名，通常采用域名倒序加上类别的方式来定义包名。例如，如果拥有一个全球唯一的域名"www.sjzlg.com"，我们要编写一些服务类，则可以定义包名为"com.sjzlg.service"。

> **小提示**
> 包的声明必须位于 Java 程序的第一行（注释除外），参见示例 3-8。
> 【示例 3-8】在包 com.sjzlg.service 下定义一个 Java 类。
> ```
> package com.sjzlg.service;
> public class PackageDemo{
>     public static void main(String[]args){
>         System.out.println("How do you do!");
>     }
> }
> ```

3.4.2 导入包

包机制使得当在程序中需要使用不同包中的类或接口时，需要使用全类名，即"包名.类名"的形式。为了简化编程，Java 引入了 import 关键字。可通过 import 导入某个包中的类，在编写程序时，就可以只写类名而不用写全类名。导入分两种情况，一种是导入某个包中的指定类，另一种是导入某个包中的全部类。

import 关键字用于导入包，参见示例 3-9。

【示例 3-9】导入某个包中的指定类。

```
//Person.java
package com.sjzlg.demo;
public class Person{
    public String name;
    public void introduce(){
        System.out.println("大家好,我是"+name+"! ");
    }
}
//PackageImportDemo.java
package com.sjzlg.service;     //声明 com.sjzlg.service 包
import com.sjzlg.demo.Person;   //导入 com.sjzlg 包下的 Person 类
public class PackageImportDemo{
    public static void main(String[]args){
        Person p=new Person();
    }
}
```

在示例 3-9 的 PackageImportDemo.java 文件中，如果没有"import com.sjzlg.demo.Person;"语句，不导入包的话，"Person p=new Person();"语句必须写成"com.sjzlg.demo.Person p=new com.sjzlg.demo.Person();"这种格式。

示例 3-10 为导入某个包中的全部类。

【示例 3-10】导入某个包中的全部类。

在一个类中导入一个包中的全部类，可以使用"*"来代表该包中的全部类。

```
package com.sjzlg.service;
import java.util.*;      //导入java.util包中的全部类
public class PackageImportAllDemo{
    public static void main(String[]args){
        Scanner sc=new Scanner(System.in);
    }
}
```

JDK 中提供了很多类，不同功能的类放在不同的包中，其中 Java 的核心类主要放在 Java 这个包及其子包中，Java 扩展的大部分类都放在 javax 包及其子包中。下面是几个 Java 中常见的包。

（1）java.lang：包含 Java 的核心类，如 String、Math、System 和 Thread 等类。使用这个包中的类时无须使用 import 语句导入，系统会自动导入该包中的全部类。

（2）java.util：包含 Java 的大量工具类、集合类等，如 Arrays、List 和 Set 等。

（3）java.net：包含一些与网络编程相关的类和接口。

（4）java.io：包含一些与输入/输出编程相关的类和接口。

（5）java.sql：包含与 JDBC 编程相关的类和接口。

小提示　　import 语句位于 Java 程序文件的 package 语句之后、类的定义之前。一个 Java 程序文件只能有一个 package 语句，但可以有多个 import 语句。

3.5　封装

封装、继承和多态是面向对象编程的三大特征，本节介绍封装这一特征。通过封装可以隐藏内部信息以提高程序的安全性。

为什么需要封装呢？大家都见过银行的 ATM（Automated Teller Machine，自动柜员机），也应该使用过 ATM 进行存钱或者取钱，那大家想想"钱"被放在了 ATM 中的哪个位置了呢？具体有多少钱呢？银行的工作人员可能知道，像我们这些非银行相关工作人员肯定不知道钱的存放位置及具体数量，为什么呢？很简单，因为 ATM 被包裹起来了，我们看不到钱的存放位置，也看不到具体数量。但是我们可以使用 ATM 来实现对钱的存入与取出，为什么呢？因为 ATM 提供了银行卡的插口，提供了存入或取出钱的操作口。虽然我们看不到钱的位置和数量，但是可以根据相应的操作步骤来实现对钱的操作。

在 Java 中使用封装来将属性进行私有化，也就是说将属性包裹起来，这样在其他的类中就不能使用包裹起来的属性了，但可以像 ATM 一样提供对外操作的插口，这个对外操作的插口在 Java 中称为公有的取值或赋值的方法。

再来想一下，去 ATM 取钱需要插卡，公交卡行吗？超市的购物卡行吗？当然不行，必须是银行卡。插入银行卡后需要进行一个操作，那就是对插入的卡进行合法性验证。插卡是给 ATM 提供卡片，相当于程序中方法的赋值操作，所以封装之后根据需求可以在赋值的方法中对提供的实际参数的值进行合法性验证。

封装的作用就是有效地防止不正确、不准确的数据被录入系统，从而提高程序的安全性。

3.5.1 封装的概述

在编程实现中，封装通常是将类中的属性设置为私有的，即用 private 修饰，并为属性对外提供公共的访问方法，即用 public 修饰。

实现封装所带来的好处如下。

（1）用户只能通过对外提供的公共访问方法来访问数据，能防止出现对属性的不合理操作。

（2）易于修改，增加代码的可维护性。

（3）能进行数据检查。

（4）能隐藏类的实现细节，提高安全性。

3.5.2 类的封装

在前面的示例 3-3 中，如果我们将测试类中的年龄赋值为-18，程序不会有任何问题，但从实际情况看，这显然是不合理的。为了防止这种不合理的现象出现，就可以对类进行封装，在提供的公共访问方法中增加控制逻辑，限制对属性的不合理操作。

```java
public class ObjectCreateMoreDemo{
    public static void main(String[]args){
        Person p2=new Person();
        //引用对象 p2 的成员变量 name
        p2.name="李四";
        p2.age=-18;        //将对象 p2 的年龄赋值为负数
        //引用对象 p2 的成员方法 introduce()
        p2.introduce();
    }
}
```

示例 3-11 所示为封装类 Person 的使用。

【示例 3-11】封装类 Person 的使用。

```java
package com.sjzlg.demo;
class Person{
//将成员变量设置成私有的，即用 private 修饰
    private String name;
    private int age;
//将成员方法设置成公有的，即用 public 修饰
    public String getName(){
        return name;
    }
    public void setName(String n){
        name=n;
    }
    public int getAge(){
        return age;
    }
    public void setAge(int a){
        if(a<0){
            System.out.print("请检查年龄值！");
        }else{
            age=a;
        }
    }
}
```

```
        public void introduce(){
            System.out.println("大家好, 我是" +name+ ", 今年" +age+ "岁了。");
        }
    }
    public class PrivateDemo{
        public static void main(String[]args){
            Person p=new Person();
            p.setName("张三");
            p.age=-18;//系统提示age属性不可见
            p.setAge(-18);
            p.introduce();
        }
    }
```

运行结果如图 3-9 所示。

图 3-9 运行结果

在示例 3-11 的程序中,对 Person 类的属性 age 进行了封装,使只能在类内部访问该属性。所以可在 Person 类外部的测试类 main()方法中直接为 age 赋值,如 p.age=-18,系统会提示 age 属性不可见。不能直接为 age 赋值,只能通过调用成员方法 p.setAge(-18)为成员变量 age 赋值,而在 setAge(int a)方法中对参数 a 进行了判断,传入的值小于 0,会输出"请检查年龄值!",即 age 属性没有赋值成功,仍为初始值 0。

3.5.3 this 关键字

在示例 3-11 中,成员方法 setName(String n)的形式参数名称为 n,当该参数名称为 name 时,就会导致成员变量与局部变量的命名冲突,在该方法中将访问不到成员变量 name。为了解决这样的问题,Java 中提供了 this 关键字。

this 关键字表示对象自身的引用值,可以使用 this 关键字访问本类的成员变量、调用本类的成员方法(包括构造方法)。其具体使用方法参见示例 3-12。

【示例 3-12】this 关键字的使用。

```
package com.sjzlg.demo;
class Person{
    private String name;
    private int age;
    public Person(){ }
    public Person(String name){
        this.name=name;
    }
    public Person(String name,int age){
    //调用本类的构造方法 Person(String name):使用 this(name)
        this(name);
        this.age=age;
    }
```

```java
    public String getName(){
        return name;
    }
    //局部变量name与成员变量name同名
    public void setName(String name){
        // 访问本类的成员变量name：使用this.name引用成员变量
        this.name=name;
    }
    public int getAge(){
        return age;
    }
    // 局部变量age与成员变量age同名
    public void setAge(int age){
        // 使用this.age引用成员变量
        this.age=age;
    }

    private void sayHello(){
        System.out.println("Hello!");
    }
    public void introduce(){
        //调用本类的成员方法sayHello():使用this.sayHello()
        this.sayHello();
        System.out.println("大家好，我是" +name+ "，今年" +age+ "岁了。");
    }
}
public class ThisDemo{
    public static void main(String[]args){
        Person p=new Person();
        p.setName("张三");
        p.setAge(18);
        p.introduce();
        Person p2=new Person("李四",19);
        p2.introduce();
    }
}
```

运行结果如图3-10所示。

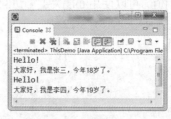

图3-10　运行结果

小提示

在使用this调用类的构造方法时，应该注意以下几点。

（1）不能在成员方法中使用this调用类的构造方法，只能在构造方法中使用this调用其他的构造方法。

（2）在构造方法中，使用this调用构造方法的语句只能位于第一行，且只能出现一次。

（3）构造方法不能递归调用。下面的代码是错误的。

不能在一个构造方法中使用 this 调用自身。

```
public Person(){
    this();
}
```

不能在一个类的两个构造方法中使用 this 相互调用。

```
public Person(){
    //调用有一个参数的构造方法
    this("王五");
}
public Person(String name){
    //调用无参数的构造方法
    this();
    this.name=name;
}
```

【任务 3-1】计算长方形的周长与面积

【任务描述】

编写一个 Java 应用程序，用 Rectangle 类来封装长方形。要求 Rectangle 类具有 double 型的长、宽属性和计算周长、面积的方法。要求属性赋值合理：不可以是零或者负数。

创建一个长方形对象，输出它的周长和面积。程序运行结果如图 3-11 所示。

图 3-11 运行结果

【任务目标】

- 学会从客观事物到 Java 类的抽象，学会类与对象的定义与使用方法。
- 学会使用类来封装对象的属性和功能。
- 能够独立完成计算长方形的周长和面积的源代码编写、编译及运行。

【实现思路】

分析任务可知，长方形类需要包括 3 类成员：成员变量、成员方法和构造方法。为实现封装，将成员变量私有化，需在为成员变量赋值的方法中进行合法性判断，使属性值不允许为零或负值。

（1）长方形类——Rectangle。

成员变量：private double length 和 private double width。

构造方法：无参的 Rectangle()，有参的 Rectangle(double length,double width)。

成员方法：public void setLength(double length)、public void setWidth(double width)、public double getLength()、public double getWidth()、计算周长方法 public double getCircumference()、计算面积方法

public double getSquare()。

（2）测试类——RectangleTask。

在 main()方法中通过两种方法（无参构造方法与有参构造方法）创建 Rectangle 类的对象，计算长方形的周长、面积，最后将周长与面积输出到控制台。

【实现代码】

（1）长方形类——Rectangle。

```java
package com.sjzlg.www;
class Rectangle{
    // 长方形的长
    private double length;
    // 长方形的宽
    private double width;
    // 手动给出无参构造方法
    public Rectangle(){
    }
    // 有参构造方法
    public Rectangle(double length,double width){
        this.length=length;
        this.width=width;
    }
    // 提供setLength()、setWidth()方法
    public void setLength(double length){
        if(length<=0){
        System.out.println("长方形的长度不能为零或者负数！");

        }else{
            this.length=length;
        }
    }
    public void setWidth(double width){
        if(width<=0){
            System.out.println("长方形的宽度不能为零或者负数！");
        }else{
            this.width=width;
        }
    }
    // 提供getLength()、getWidth()方法
    public double getLength(){
        return length;
    }
    public double getWidth(){
        return width;
    }
    // 计算周长的方法
    public double getCircumference(){
        return(length+width)*2;
    }
    // 计算面积的方法
    public double getSquare(){
        return length*width;
    }
```

}

（2）测试类——RectangleTask。

```
package com.sjzlg.www;
public class RectangleTask{
    public static void main(String[]args){
        // 调用无参构造方法创建对象
        Rectangle r1=new Rectangle();
        // 调用setLength()、setWidth()方法给成员变量赋值
        r1.setLength(3.5);
        r1.setWidth(2.5);
        System.out.println("长方形的周长: " +r1.getCircumference());
        System.out.println("长方形的面积: " +r1.getSquare());
        System.out.println("===============");
        // 调用有参构造方法创建对象的同时给成员变量赋值
        Rectangle r2=new Rectangle(5.3,3.5);
        System.out.println("长方形的周长: " +r2.getCircumference());
        System.out.println("长方形的面积: " +r2.getSquare());
    }
}
```

3.5.4　static 关键字

Java 中提供了 static 关键字，它可以修饰类的成员，如成员变量、成员方法，也可以修饰代码块等。

1. 静态变量

在 Java 中，使用 static 关键字修饰成员变量，则该成员变量被称为静态变量。静态变量能够被一个类的所有实例对象共享，可以使用"类名.变量名"的形式来访问。

在实际开发中，该如何确定某个成员变量是否需要使用 static 关键字修饰呢？如果某个成员变量是被所有对象共享的，就应该定义为静态的，即使用 static 关键字修饰。

例如，所有软件专业的学生的专业名称相同，此时完全不必在每个学生对象所占用的空间中都定义一个变量来表示专业，可以在对象以外的空间定义一个表示专业名称的变量，让所有对象来共享。接下来通过示例 3-13 来学习静态变量的使用。

【示例 3-13】静态变量的使用。

```
package com.sjzlg.demo;
class Student{
    //静态变量专业名
    static String major;
    private String name;
    private int age;
    public Student(String name,int age){
        this.name=name;
        this.age=age;
    }
    public void introduce(){
        System.out.println("大家好，我是" +name+ "，今年" +age+ "岁了。"+"我是"+major+"专业的学生。");
    }
}
public class StaticVariableDemo{
    public static void main(String[]args){
```

```
            //给静态变量赋值  通过"类名.变量名"的形式来访问
            Student.major="软件";
            Student s=new Student ("张三",18);
            s.introduce();
            Student s2=new Student ("李四",19);
            s2.introduce();
        }
}
```

运行结果如图 3-12 所示。

> 大家好，我是张三，今年18岁了。我是软件专业的学生。
> 大家好，我是李四，今年19岁了。我是软件专业的学生。

图 3-12 运行结果

在示例 3-13 的 Student 类中定义了一个静态变量 major，用于表示专业名称，它被所有的对象实例所共享。由于 major 是静态变量，因此可以直接使用 Student.major 的方式进行调用，也可以通过 Student 类的实例对象进行调用，如 s.major。代码 "s.major="软件";" 将变量 major 赋值为 "软件"，通过运行结果可以看出学生的对象 p 和 p2 的 major 属性值均为 "软件"。

小提示

static 关键字只能修饰成员变量，不能修饰局部变量。

2. 静态方法

被 static 关键字修饰的方法称为静态方法。与静态变量相似，静态方法可以使用 "类名.方法名" 的形式来访问，不需要创建类的实例对象。如果创建了类的实例对象，也可以通过类的实例对象来访问静态方法。

在实际开发中，如果希望在没有创建对象的情况下调用某个方法，就需要在类中定义的这个方法前加上 static 关键字，这样该方法就成为静态方法，可以直接采用 "类名.方法名" 的形式来访问。

接下来通过示例 3-14 来学习静态方法的使用。

【示例 3-14】静态方法的使用。

```
package com.sjzlg.demo;
class Person{
    private String name;
    private int age;
    static String nationality;
    public Person(String name,int age){
        this.name=name;
        this.age=age;
    }
    public void introduce(){
        System.out.println("大家好，我是" +name+ "，今年" +age+ "岁了。");
    }
    static void show(){
        System.out.println("我来自"+nationality+"。");
    }
}
```

```
public class StaticMethodDemo{
    public static void main(String[]args){
        Person p=new Person("张三",18);
        Person.nationality="中国";
        p.introduce();
        Person.show();
    }
}
```

运行结果如图 3-13 所示。

图 3-13　运行结果

小提示

　　static 关键字的使用应注意以下事项。
　　(1) 在静态方法中不能使用 this 关键字。
　　静态方法可以在对象创建前通过类名调用，这时对象还不存在，所以在静态方法中不能使用 this 关键字。
　　(2) 在静态方法中只能访问 static 关键字修饰的成员。
　　静态方法可以通过类名调用，在被调用时，可以不创建任何对象，而非静态成员需要先创建对象再通过对象名来访问。所以在静态方法中访问非静态成员，系统会报错。

```
static void show(){
    this.introduce();   //系统会报错，不能调用非静态方法 introduce()
    System.out.println("大家好，我是" +name+ "。");  //系统会报错，不能访问 name
    System.out.println("我来自"+nationality+"。");
}
```

　　(3) 非静态方法可以访问静态成员，也可以访问非静态成员。下面的代码是正确的。

```
public void introduce(){
    Person.show();    //访问静态方法 show()
    System.out.println("大家好，我是" +name+ "，今年" +age+ "岁了。我来自"+nationality+"。");   //访问静态成员变量 nationality
}
```

　　(4) static 修饰的成员既可以通过"类名.成员名"调用，也可以通过"对象名.成员名"调用。下面的代码是正确的。

```
Person p=new Person("张三",18);
Person.nationality="中国";
Person.show();     //通过"类名.成员名"调用
p.show();          //通过"对象名.成员名"调用
```

3. 静态代码块

使用 { } 标识的一段代码称为代码块。所谓静态代码块，就是用 static 关键字修饰的代码块。在程序中，通常使用静态代码块对类的静态成员变量进行初始化。其具体使用方法参见示例 3-15。

【示例 3-15】静态代码块的使用。

```
package com.sjzlg.demo;
//静态代码块的使用
class Person{
    static String nationality;
    //静态代码块
    static{
        nationality= "中国";
    }
    static void show(){
        System.out.println("我来自" +nationality+ "。");
    }
}
public class StaticBlockDemo{
    public static void main(String[]args){
        Person.show();
    }
}
```

运行结果如图 3-14 所示。

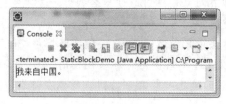

图 3-14　运行结果

当类被加载时，静态代码块会执行。由于类只加载一次，因此静态代码块只执行一次。其具体操作方法参见示例 3-16。

【示例 3-16】静态代码块的执行。

```
package com.sjzlg.demo;
//静态代码块的执行
class Person{
    static String nationality;
    static{
        nationality= "中国";
        System.out.println("======静态代码块执行了======");
    }
    static void show(){
    System.out.println("我来自" +nationality+ "。");
    }
}
public class StaticBlockExecuteDemo{
    public static void main(String[]args){
        Person p=new Person();
        p.show();
        Person p2=new Person();
```

```
        p2.show();
    }
}
```

运行结果如图 3-15 所示。

图 3-15 运行结果

通过图 3-15 可以看出静态代码块只执行了一次。

本章小结

本章首先介绍了类和对象的创建与使用，局部变量与成员变量的区别，构造方法的定义、使用和重载，然后介绍了包的相关操作，接着介绍了类的封装、this 关键字的使用，最后介绍了 static 关键字的使用。本章主要介绍了面向对象编程的基础，学好这些知识，有助于后面内容的学习。

练习题

一、选择题

1. (　　) 是拥有属性和方法的实体。(选择两项)
   A．对象　　　　　　B．类　　　　　　C．方法　　　　　　D．类的实例

2. 有一个汽车类 Car，包含的属性有颜色 (color)、型号 (type)、品牌 (brand)。现在要在 main() 方法中创建 Car 类的对象，下面的代码中，正确的是 (　　)。
   A．Car myCar=new Car;
       myCar color="黑色";
   B．Car myCar=new Car();
       Car.brand= "宝马";
   C．Car myCar;
       myCar.brand="宝马";
   D．Car myCar=new Car();
       color= "蓝色";

3. 下面关于类和对象的说法中错误的是 (　　)。
   A．类是对象的类型，它封装了数据和操作
   B．类是对象的集合，对象是类的实例
   C．一个类的对象只有一个
   D．一个对象必属于某个类

4. 以下代码中，存在错误的代码行是 (　　)。

```
public class Person {
    public  String   name;              //姓名
    public int    age;                  //年龄
    //输出基本信息
    public showInfo(){                  //1
        System.out.println("姓名:"+name+",年龄:"+age);
```

```
    }
}
public class Test{
    public static void main(String[ ]args){
        Person person=new Person();              //2
        person.name="李小龙";                      //3
        person.age="20";                          //4
        person.showInfo();                        //5
    }
}
```

    A. 1和2   B. 2和3   C. 1和4   D. 4和5

5. 对于构造方法，下列叙述错误的是（　　）。

    A. 构造方法名必须与类名相同

    B. 构造方法的返回类型只能是void型，且书写格式是在方法名前加void前缀

    C. 类的默认构造方法是无参构造方法

    D. 创建新对象时，系统会自动调用构造方法

6. 在（　　）情况下，构造方法会被调用。

    A. 定义类   B. 创建对象   C. 调用对象方法   D. 使用对象的变量

7. 在Java中，以下程序编译并运行后的输出结果为（　　）。

```
public class Test{
    int x,y;
    Test(int x,int y){
        this.x=x;
        this.y=y;
    }
    public static void main(String[] args){
        Test pt1,pt2;
        pt1=new Test(3,3);
        pt2=new Test(4,4);
        System.out.print(pt1.x+pt2.x);
    }
}
```

    A. 6   B. 34   C. 8   D. 7

8. 分析如下Java程序，其编译并运行后的输出结果是（　　）。

```
public class Test{
    int count=9;
    public void count1(){
        count=10;
        System.out.println("count1="+count);
    }
    public void count2(){
        System.out.println("count2="+count);
    }
    public static void main(String[] args){
        Test t=new Test();
        t.count1();
        t.count2();
    }
}
```

    A. count1=9;   B. count1=10;   C. count1=10;   D. count1=9;

       count2=9;   count2=9;   count2=10;   count2=10;

9. 下列关于this关键字的说法中，错误的是（　　）。
   A. this可以解决成员变量与局部变量重名的问题
   B. this出现在成员方法中，代表的是调用这个方法的对象
   C. this可以出现在任何方法中
   D. this相当于一个引用，可以通过它调用成员方法与属性
10. 下列关于静态方法的描述中，错误的是（　　）。
    A. 静态方法指的是被static关键字修饰的方法
    B. 静态方法不占用对象的内存空间，而非静态方法占用对象的内存空间
    C. 静态方法内部可以使用this关键字
    D. 静态方法内部只能访问被static修饰的成员
11. 在Java中，关于静态方法以下说法中正确的是（　　）。（选择两项）
    A. 静态方法中不能直接调用非静态方法
    B. 非静态方法中不能直接调用静态方法
    C. 静态方法可以用类名直接调用
    D. 静态方法里可以使用this

二、填空题

1. ＿＿＿＿＿＿关键字用于将类中的属性私有化，为了能让外界访问私有属性，需要提供一些使用＿＿＿＿＿＿关键字修饰的公有方法。
2. 当成员变量和局部变量重名时，若想在方法内使用成员变量，需要使用＿＿＿＿＿＿关键字。
3. ＿＿＿＿＿＿方法可以通过类名引用，而＿＿＿＿＿＿方法只能通过对象名引用。

三、简答题

1. 什么是类？
2. 什么是对象？类与对象的关系是什么？
3. 什么是成员变量？什么是局部变量？两者有什么区别？
4. 什么是构造方法？构造方法与一般方法有什么区别？
5. 封装及封装的意义是什么？

上机实战

实战3-1　定义用户类、课程类并对属性进行封装

❓ 需求说明

编程实现WorkShop在线学习系统，定义用户类、课程类并对属性进行封装。

❓ 实现思路

（1）定义用户类User、定义课程类Course。
（2）封装User类的属性，包括String型的用户名、密码、昵称和电子邮箱。封装Course类的属性，包括String型的课程编号、课程名称、主讲教师和课程概况，int型的课程价格和课程学时。
（3）分别给User类和Course类编写公有的getter与setter方法。
（4）给User类编写无参构造方法、带有用户名和密码两个参数的构造方法、带有全部参数的构

造方法，用于提供 3 种创建 User 对象的方式。给 Course 类编写无参构造方法、带有全部参数的构造方法，用于提供 2 种创建 Course 对象的方式。给 Course 类提供可以显示课程情况的 toString()方法，用于查看课程的信息。

📁 参考解决方案可以在配套资源中获取或扫描二维码查看。

实战 3-1 参考解决方案

实战 3-2　实现 WorkShop 在线学习系统的主菜单

❓ 需求说明

编程实现图 3-16 所示的 WorkShop 在线学习系统的主菜单。

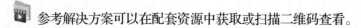

图 3-16　主菜单

❓ 实现思路

（1）定义类 UserMainMenu。在该类中，声明 boolean 型变量 isLogin 的初始值为 false，用于存储登录状态。创建 Scanner 类的对象作为类 UserMainMenu 的属性，该类的所有方法均可使用该对象。

（2）编写系统主菜单的方法 mainMenu()，定义用户注册的方法 register()、用户登录的方法 login()、查询课程的方法 query()，用于在 case 1、case 2、case 3 中进行调用（目前只需要定义方法，不需要编写方法体中的内容）。

（3）新建测试类 Elearning，创建 UserMainMenu 类的对象，调用系统主菜单的 mainMenu()方法进行系统测试。

📁 参考解决方案可以在配套资源中获取或扫描二维码查看。

实战 3-2 参考解决方案

实战 3-3　实现 WorkShop 在线学习系统的注册功能

❓ 需求说明

编程实现图 3-17 所示的 WorkShop 在线学习系统的注册功能。

图 3-17　注册功能

实现思路

（1）在实战 3-2 的基础上实现实战 3-3 的注册功能。

（2）在 UserMainMenu 类中，声明 static User 类的数组 users，长度为 100，用于存储注册的用户。编写 addUser(User user)方法，使用循环检测到 User 数组中为 null 的项，将注册的 User 对象 user 添加到数组中，使用 break 语句退出循环。

（3）在实战 3-2 的基础上编写注册的方法 register()的方法体，录入用户的基本信息，并将其封装成 User 对象。调用 addUser(User user)方法，实现用户的注册功能。

（4）使用实战 3-2 的测试类，进行系统测试。

参考解决方案可以在配套资源中获取或扫描二维码查看。

实战 3-3 参考解决方案

实战 3-4　实现 WorkShop 在线学习系统的登录功能

需求说明

编程实现图 3-18 所示的 WorkShop 在线学习系统的登录功能。

图 3-18　登录功能

实现思路

（1）在实战 3-3 的基础上实现实战 3-4 的登录功能。

（2）在 UserMainMenu 类中编写 User checkUser(User user)方法，用于验证用户名或密码是否正确，如果正确返回 User 对象，如果不正确返回 null。

（3）在实战 3-3 的基础上编写登录的方法 login()的方法体，录入用户名和密码，并将其封装成 User 对象。调用 checkUser(User user)方法，判断对象是否为 null，如果为 null，提示用户先注册，否则提示用户登录成功。将 isLogin 的值修改为 true，实现用户的登录功能。

（4）使用实战 3-2 的测试类，进行系统测试。

参考解决方案可以在配套资源中获取或扫描二维码查看。

实战 3-4 参考解决方案

实战 3-5　实现 WorkShop 在线学习系统的课程查询功能

需求说明

编程实现图 3-19 所示的 WorkShop 在线学习系统的课程查询功能。

 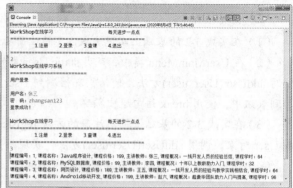

图 3-19 课程查询功能

 ❓ **实现思路**

（1）在实战 3-4 的基础上实现实战 3-5 的课程查询功能。

（2）在 UserMainMenu 类中声明静态的 Course 类的对象数组，数组长度为 4，用于存储 4 个 Course 类的对象，表示可以在线学习的课程。使用静态代码块初始化 4 个 Course 类的对象。

（3）在实战 3-4 的基础上编写课程查询的方法 query() 的方法体，在 query() 方法中，使用循环依次检索 Course 类数组中的全部数组元素，调用每个数组元素的 toString() 方法，输入在线学习的课程信息。

（4）使用实战 3-2 的测试类，进行系统测试。

参考解决方案可以在配套资源中获取或扫描二维码查看。

实战 3-5 参考解决方案

04 第 4 章 面向对象（下）

本章目标
- 理解继承和多态的概念。
- 会使用类的继承、方法重写、super 关键字。
- 会使用 final 关键字、抽象类和接口及多态。

4.1 类的继承

4.1.1 什么是继承

在现实生活中，继承一般指的是子女继承父辈的财产。在程序中，继承描述的是事物之间的所属关系，通过继承可以使多种事物之间形成一种关系体系。例如 Teacher 类和 Student 类都属于 Person 类，这在程序中可以描述为 Teacher 类和 Student 类继承自 Person 类。同理，JavaTeacher 类和 SQLTeacher 类继承自 Teacher 类，而 Student1 类和 Student2 类继承自 Student 类。这些类之间会形成一个继承体系，如图 4-1 所示。

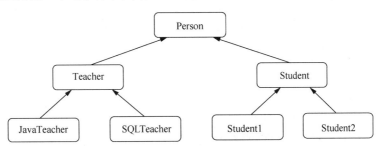

图 4-1　Person 类继承体系

在 Java 中，类的继承是指在一个现有类的基础上构建一个新的类，构建出来的新类被称作子类，现有类被称作父类，子类拥有父类所有可继承的属性和方法。在程序中，如果想声明类的继承，需要使用 extends 关键字。接下来通过示例 4-1 来介绍子类是如何继承父类的。

【示例 4-1】子类继承父类示例。

```
//定义 Person 类
class Person{
    String name;
```

```java
        int age;
        void showInfo(){
            System.out.println("姓名: "+name+",年龄: "+age);
        }
}
//定义 Teacher 类继承 Person 类
class Teacher extends Person{
}
//定义 Student 类继承 Person 类
class Student extends Person{
}
//定义测试类
public class Example01{
    public static void main(String[]args){
        Student t1=new Student();
        t1.name="张三";
        t1.age=20;
        t1.showInfo();
    }
}
```

运行结果如图 4-2 所示。

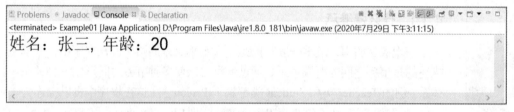

图 4-2　运行结果

在示例 4-1 中，Student 类通过 extends 关键字继承了 Person 类，这样 Student 类便成为 Person 类的子类。从运行结果不难看出，子类虽然没有定义 name 属性、age 属性和 showInfo()方法，但是能访问这些成员和方法。这说明子类继承父类后，会自动拥有父类所有的成员。

4.1.2　如何实现继承

使用继承的步骤如下。

① 编写父类，如示例 4-1 所示。

② 编写子类，子类使用 extends 关键字继承父类。

在类的继承中，需要注意一些问题，具体如下。

（1）在 Java 中，类只允许单继承，不允许多继承，也就是说一个类只能有一个直接父类，例如下面这种情况是不允许的。

```
class A{ }
class B{ }
class C extends A,B{ }    //C 类不可以同时继承 A 类和 B 类
```

（2）多个类可以继承一个父类，例如下面这种情况是允许的。

```
class A{ }
class B extends A{ }
class C extends A{ }    //B 类和 C 类都可以继承 A 类
```

（3）在 Java 中，多层继承是允许的，即一个类的父类可以再去继承另外的父类。例如 C 类继承自 B 类，而 B 类又可以继承 A 类，这时，C 类也可称作 A 类的子类。

```
class A{ }
class B extends A{ }    //B 类继承 A 类,B 类是 A 类的子类
class C extends B{ }    //C 类继承 B 类,C 类是 B 类的子类,也是 A 类的子类
```

示例 4-2 所示为继承的传递性。

【示例 4-2】继承的传递性。

```
package com.sjzlg.www;
class A{
    public double money=300;
}
class B extends A{
}
class C extends B{
}
public class Test{
    public static void main(String[]args){
        C c=new C();
        System.out.println(c.money);
    }
}
```

运行结果如图 4-3 所示。

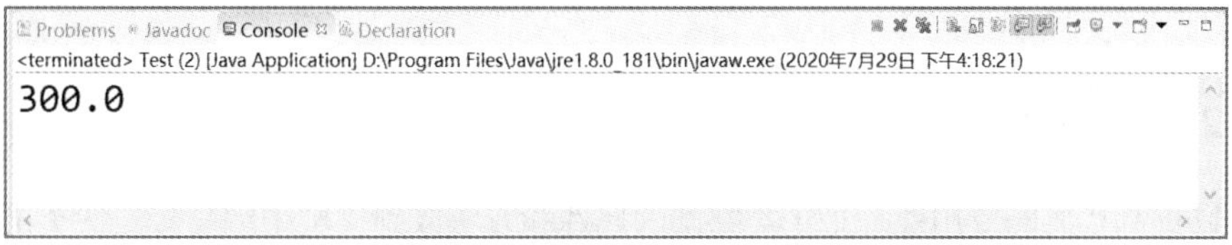

图 4-3 运行结果

4.1.3 重写父类方法

在继承关系中，子类会自动继承父类中定义的方法，但有时需要在子类中对继承的方法进行一些修改，即对父类的方法进行重写。需要注意的是，在子类中重写的方法需要和父类中被重写的方法具有相同的方法名、参数列表及返回值类型。重写父类方法参见示例 4-3。

【示例 4-3】在 Student 类中重写父类 Person 中的 showInfo()方法。

```
//定义 Person 类
class Person{
    String name;
    int age;
    void showInfo(){
        System.out.println("姓名: "+name+",年龄: "+age);
    }
}
//定义 Student 类继承 Person 类
class Student extends Person{
    String stuNum;
    void showInfo(){
        System.out.println("姓名: "+name+",年龄: "+age+",学号: "+stuNum);
    }
```

```
}
//定义测试类
public class Example02{
    public static void main(String[]args){
        Student s2=new Student();
        s2.name="张三";
        s2.age=20;
        s2.stuNum="001";
        s2.showInfo();
    }
}
```

运行结果如图 4-4 所示。

```
姓名：张三，年龄：20，学号：001
```

图 4-4　运行结果

在示例 4-3 中，定义了 Student 类并且使其继承自 Person 类。在子类 Student 中定义了一个 showInfo()方法对父类的方法进行重写。从运行结果可以看出，在调用 Student 类对象的 showInfo()方法时，只会调用子类重写的该方法，并不会调用父类的 showInfo()方法。

4.2　方法重写

继承可以提高代码的复用性，把子类共同的属性和方法放到父类中编写。当父类不能满足子类的需求时，子类就需要重写父类的方法（对方法体的内容进行重写）。

方法重写的特点如下。

（1）重写发生在子类中。
（2）方法的名称必须相同。
（3）参数的类型、个数、顺序相同。
（4）子类重写父类的方法，其返回值类型与父类相同或者是其子类，如示例 4-4 和示例 4-5 所示。

【示例 4-4】子类重写父类的方法，其返回值类型与父类相同。

```
public class Father{
    public Father fun(){
        return new Father();
    }
}
class Son extends Father{
    public Father fun(){
        return new Father();
    }
}
```

【示例 4-5】子类的返回值类型是父类方法返回值类型的子类。

```
public class Father{
    public Father fun(){
        return new Father();
```

```
}
class Son extends Father{
    public Son fun(){
        return new Son();
    }
}
```

父类中的方法的返回值类型是 Father，子类重写父类的方法后，返回值类型是 Son，而 Son 是 Father 的子类。

（5）子类重写父类的方法，子类的访问权限必须大于等于父类的访问权限。

方法重写的注意事项如下。

① 子类不能重写父类的私有方法。如果父类的方法的访问权限是 private，那么子类是不能继承这个方法的，如果不能继承，就不能重写。

② 子类不能重写父类的静态方法。因为静态方法归类所有，标准使用形式为"类名.方法名()"，与对象无关。

4.3 super 关键字

当子类重写父类的方法后，子类对象将无法访问父类被重写的方法。为了解决这个问题，Java 中专门提供了 super 关键字用于访问父类的成员。接下来分两种情况介绍 super 关键字的具体用法。

（1）使用 super 关键字访问父类的成员变量和成员方法，具体格式如下。

```
super.成员变量
super.成员方法([参数1,参数2,…])
```

下面通过示例 4-6 来介绍第一种情况下 super 关键字的用法。

【示例 4-6】使用 super 关键字访问父类的成员变量和成员方法。

```
class Person{
    String name="陌生人";
    int age=20;
    void showInfo(){
        System.out.println("姓名："+name+",年龄："+age);
    }
}
//定义 Student 类继承 Person 类
class Student extends Person{
    String stuNum="001";
    void showInfo(){
        super.showInfo();//访问父类的成员方法
        System.out.println("学号："+stuNum);
    }
    void printName(){
        System.out.println("name="+super.name);//访问父类的成员变量
    }
}
//定义测试类
public class Example03{
    public static void main(String[]args){
        Student s3=new Student();    //创建一个 Student 对象
```

```
        s3.showInfo();    //调用 Student 对象重写的 showInfo()方法
        s3.printName();//调用 Student 对象的 printName()方法
    }
}
```

运行结果如图 4-5 所示。

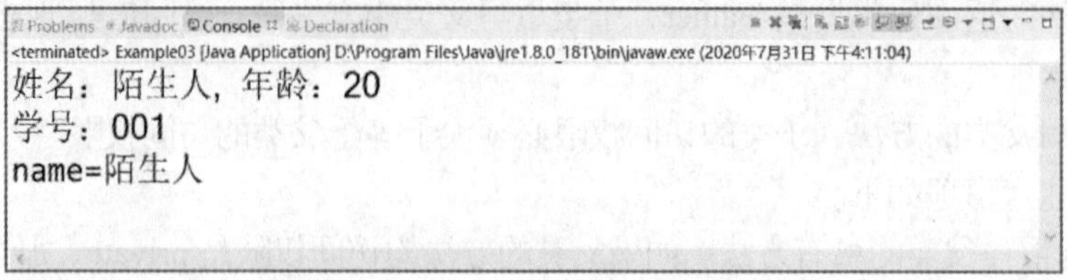

```
姓名：陌生人，年龄：20
学号：001
name=陌生人
```

图 4-5 运行结果

示例 4-6 中，定义了 Student 类继承 Person 类，并重写了 Person 类的 showInfo()方法。在子类 Student 类的 showInfo()方法中使用 "super.showInfo()" 调用了父类被重写的方法，在 printName()方法中使用 "super.name" 访问了父类的成员变量。从运行的结果可以看出，子类通过 super 关键字可以成功地访问父类的成员变量和成员方法。

（2）使用 super 关键字访问父类的构造方法，具体格式如下。

```
super([参数1,参数2,…])
```

接下来通过示例 4-7 来介绍此种情况下 super 关键字的用法。

【示例 4-7】使用 super 关键字访问父类的构造方法。

```
class Person{
    String name;
        public Person(String name){
        System.out.println("我的名字是："+name);
    }
}
//定义 Student 类继承 Person 类
class Student extends Person{
    public Student(String name){
        super(name);
    }
}
//定义测试类
public class Example04{
    public static void main(String[]args){
        Student s4=new Student("张三丰");
    }
}
```

运行结果如图 4-6 所示。

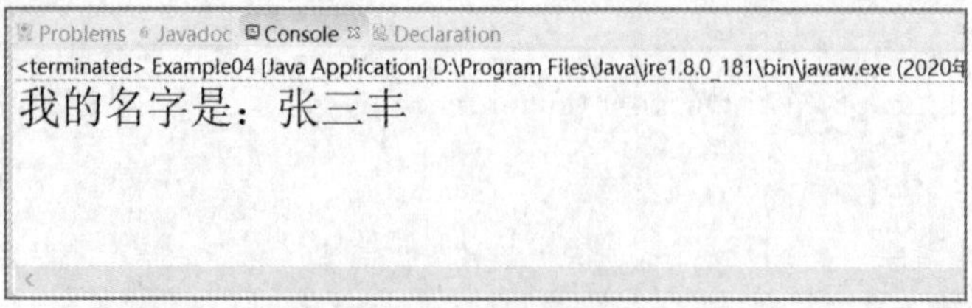

```
我的名字是：张三丰
```

图 4-6 运行结果

根据前面所学的知识，示例 4-7 在实例化 Student 对象时，一定会调用 Student 类的构造方法。从运行结果可以看出，Student 类的构造方法被调用时，父类的构造方法也被调用了。需要注意的是，通过 super 调用父类构造方法的代码必须位于子类构造方法的第一行，并且只能出现一次。

（1）使用 super 调用父类的无参构造方法，子类默认调用父类的无参构造方法。
（2）使用 super(实参值)调用父类的带参构造方法，子类调用了父类的带参构造方法之后，将不再调用默认的父类的无参构造方法。
（3）调用本类的构造方法时，this 是不可以与 super 一起使用的。因为二者在调用过程中都要求调用的代码必须是构造方法中的第一行代码。

如图 4-7 所示，错误提示的意思是隐式的父类构造方法 Person()没有定义，必须显式地调用另一个构造方法。这里出错的原因是，在子类的构造方法中一定会调用父类的某个构造方法。如果没有指定，在实例化子类对象时，子类的构造方法会自动调用父类的无参构造方法。而在图 4-7 中，因为定义了有参构造方法 Person(String name)，而没有定义无参构造方法 Person()，所以报图 4-7 中的错误。

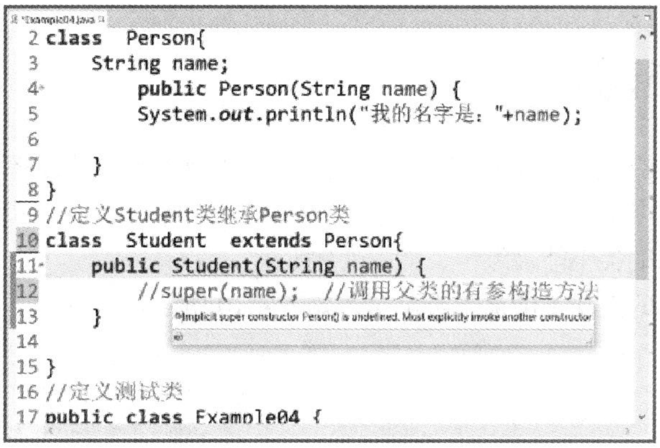

图 4-7 错误提示

为了解决上述程序的编译错误，可以在子类中调用父类中已有的构造方法，也可以选择在父类中定义无参构造方法，现将示例 4-7 中的 Person 类进行修改，参见示例 4-8。

【示例 4-8】修改 Person 类。

```
//定义 Person 类
class Person{
    String name;
    public Person(){
        System.out.println("这是 Person 类的无参构造方法！");
    }
    public Person(String name){
        System.out.println("我的名字是："+name);
    }
}
//定义 Student 类继承 Person 类
class Student extends Person{
    public Student(String name){
    }
}
```

```
//定义测试类
public class Example05{
    public static void main(String[]args){
        Student s5=new Student("好学生");
    }
}
```

运行结果如图 4-8 所示。

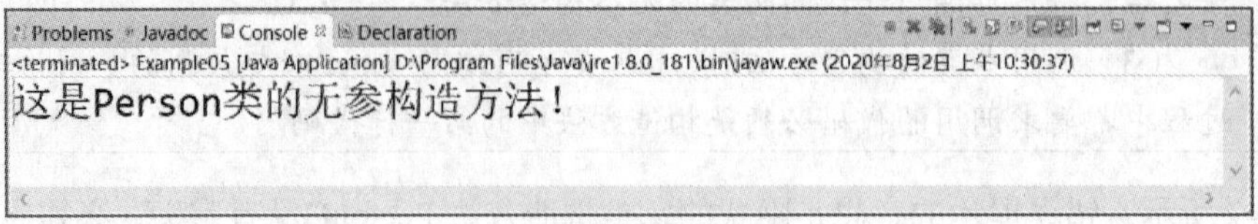

图 4-8　运行结果

从运行结果可以看出，子类在实例化时默认调用了父类的无参构造方法。通过这个示例还可以得出结论，那就是在定义类时，如果没有特殊需求，尽量在类中定义一个无参构造方法，避免被继承时出现错误。

4.4　final 关键字

final 关键字可用于修饰类、变量和方法，它有"无法改变"或者"最终"的含义，因此，被 final 修饰的类、变量和方法具有以下特性。

（1）使用 final 修饰的类不能被继承，如图 4-9 所示。

（2）使用 final 修饰的方法不能被子类重写，如图 4-10 所示。

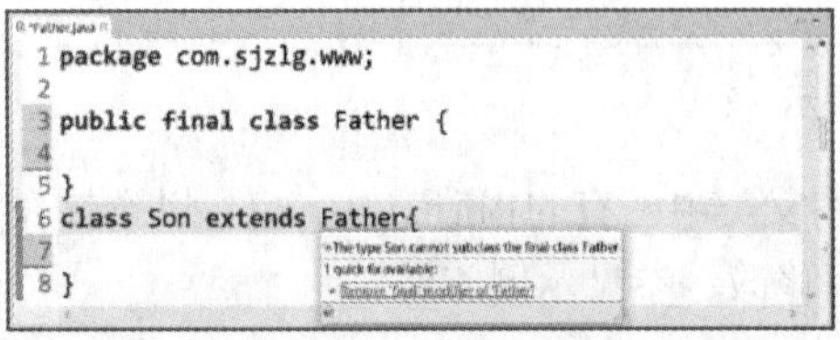

图 4-9　使用 final 修饰的类不能被继承

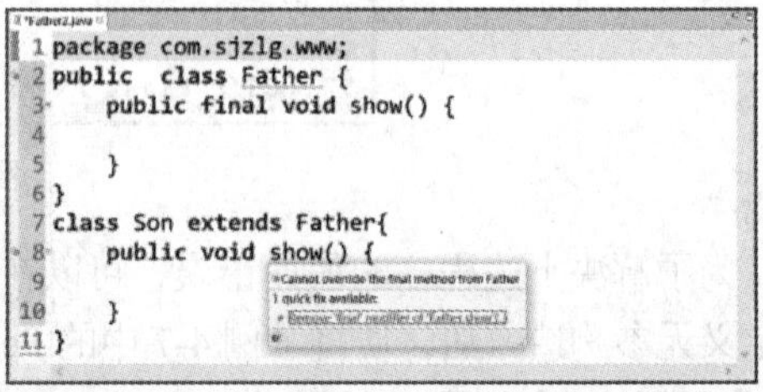

图 4-10　使用 final 修饰的方法不能被子类重写

（3）使用 final 修饰的变量（成员变量和局部变量）是常量，不允许修改，如图 4-11 所示。

（4）使用 final 修饰的引用数据类型的引用（地址）也不允许修改，如图 4-12 所示。

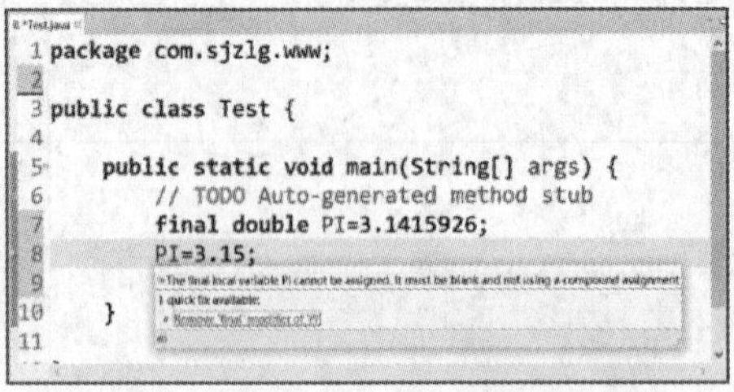

图 4-11　使用 final 修饰的变量是常量

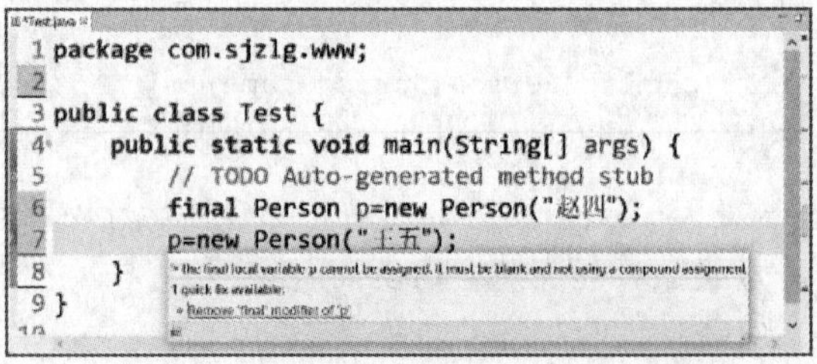

图 4-12　使用 final 修饰的引用数据类型的引用

4.5 抽象类和接口

4.5.1 抽象类

当定义一个类时，常常需要定义一些方法来描述该类的行为特征，但有时这些方法的实现方式是无法确定的。例如，定义一个乐器类时，需要定义演奏方法来表示乐器的演奏方式，但是不同乐器的演奏方法不同，因此无法在演奏方法中准确描述乐器的演奏方式。

针对上述情况，Java 允许在定义方法时不写方法体。不包含方法体的方法为抽象方法，抽象方法必须使用 abstract 关键字来修饰，具体示例如下。

```
abstract void play();
```

若一个类中包含抽象方法，该类必须使用 abstract 关键字来修饰。使用 abstract 关键字修饰的类为抽象类，示例如下。

```
abstract class Instrument{
    abstract void play();
}
```

在定义抽象类时需要注意以下几点。

（1）含有未实现的抽象方法的类称为抽象类。
（2）子类必须实现父类中的抽象方法，否则子类也是抽象类。
（3）抽象类不可以被实例化，因为抽象类中可能有抽象方法。抽象方法没有方法体，不可以被调用。
（4）抽象类中可以含有 0 个或多个抽象方法，也可以含有实例方法。

接下来通过示例 4-9 来介绍如何实现抽象类中的方法。

【示例 4-9】实现抽象类中的方法。

```
abstract class Instrument{
    abstract void play();
}
class Piano extends Instrument{
    void play(){
        System.out.println("双手弹奏……");
    }
}
public class Example06{
    public static void main(String[]args){
        Piano p=new Piano();
        p.play();
    }
}
```

运行结果如图 4-13 所示。

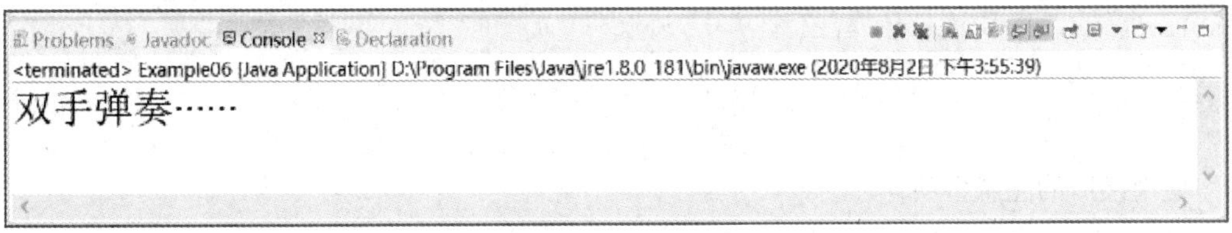

```
双手弹奏……
```

图 4-13 运行结果

从运行结果可以看出，子类实现了父类的抽象方法后，可以正常进行实例化，并通过实例对象调用方法。

4.5.2 接口

接口是一种数据类型，使用 interface 关键字进行声明。接口既表示一种能力，又表示一种 has-a 的关系，例如手机有拍照功能，但手机和照相机不存在继承的关系，我们可以把拍照声明成一个接口，如示例 4-10 所示。

【示例 4-10】编写一个接口。

```
package com.sjzlg.www;
public interface PhotoInterface{
}
```

接口不是类。类是使用 class 声明的，而接口是使用 interface 关键字声明的。接口是一种引用数据类型。

1. 接口的特点

接口中可以定义如下成员。

（1）接口中的属性都是使用 public static final 修饰的，称为公共的静态常量，如示例 4-11 所示。

【示例 4-11】接口中的属性。

```
package com.sjzlg.www;
public interface PhotoInterface{
    int pixel=3000;
     //同以下代码
     public static final int pixel=3000;
}
```

接口中的属性默认都是用 public static final 修饰的，写与不写都可以。public、static、final 都是修饰符，且无顺序要求，但是通常将权限访问修饰符 public 写在最前面。

（2）接口中的方法都使用 public abstract 进行修饰，称为公共的抽象方法，如示例 4-12 所示。

【示例 4-12】接口中的方法。

```
package com.sjzlg.www;
public interface PhotoInterface{
    public abstract void show();
    //与以下代码完全相同
    void show();
}
```

接口中的方法默认都是用 public abstract 修饰的，public abstract 可以省略不写。

接口中的方法不能使用 final 进行修饰，因为接口中的方法都是抽象方法，必须实现。从 JDK 1.8 开始，接口中可以含有非抽象方法，但要求必须使用 default 关键字修饰这些方法，如示例 4-13 所示。

【示例 4-13】接口中的非抽象方法。

```
package com.sjzlg.www;
public interface PhotoInterface{
    default void show(){
    }
}
```

2. 使用接口的注意事项

（1）接口可以实现多继承，语法格式如下。

```
[public] interface 接口名 [extends 接口1,接口2,…]
```

一个接口可以有多个父接口,它们之间用逗号隔开。Java 使用接口的目的是克服单继承的限制,因为一个类只能有一个父类,而一个接口可以实现多个接口,如示例 4-14 所示。

【示例 4-14】接口中的多继承。

```
package com.sjzlg.www;
public interface A{ }
interface B{ }
interface C extends A,B{ }
```

(2)一个类可以在继承另一个类的同时实现多个接口,语法格式如下。

[<修饰符>] class <类名> [extends <超类名>] [implements <接口1>,<接口2>,…]

继承父类的同时实现接口,如示例 4-15 所示。

【示例 4-15】继承父类的同时实现接口。

```
package com.sjzlg.www;
interface A{ }
interface B{ }
class Father{ }
class Son extends Father implements A,B{ }    //继承并实现
```

(3)接口具有传递性。如果接口 B 继承接口 A,接口 C 继承接口 B,那么实现类实现的是 3 个接口中的方法,如示例 4-16 所示。

【示例 4-16】接口的传递性。

```
package com.sjzlg.www;
interface A{
    void A();
}
interface B extends A{
    void B();
}
interface C extends B{
    void C();
}
class Son implements C{
    //要实现 3 个接口中的方法
    public void A(){ }
    public void B(){ }
    public void C(){ }
}
```

小提示

当一个类实现接口时,需要实现接口中的所有方法,否则,这个类只能是抽象类,如图 4-14 所示。

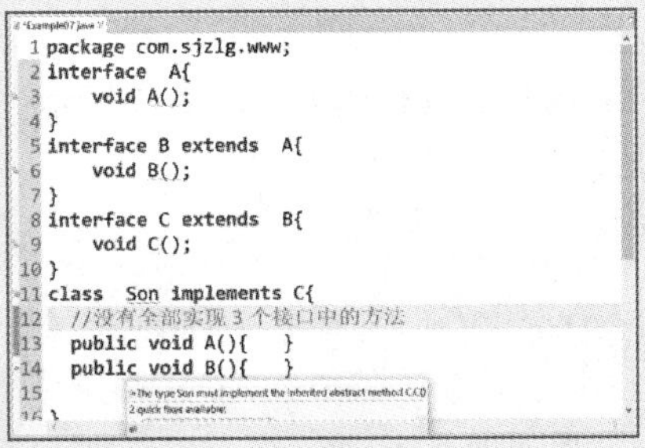

图 4-14 类没有实现接口中的所有方法

【任务 4-1】冒险者接口程序设计

【任务描述】

现有游泳接口（canSwim）、飞行接口（canFly），还有冒险者抽象类（AdventureMan）。英雄类（Hero）是冒险者抽象类的子类，其中的英雄能游泳，还能飞行。现需设计一个英雄类的具体人物测试其以上技能是否具备，如图 4-15 所示。

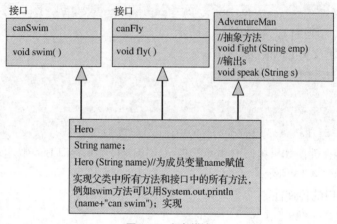

图 4-15　任务描述

【任务目标】

- 学会分析"冒险者接口程序设计"任务的实现思路。
- 能够独立完成"冒险者接口程序设计"的源代码编写、编译及运行工作。
- 掌握 Java 接口的概念和使用方法。

【实现思路】

（1）此任务涉及的对象有游泳接口、飞行接口，还有冒险者抽象类。要实现此程序，就需要对这些对象进行相应的编写。

（2）首先要定义游泳接口和飞行接口，这样英雄类实现游泳接口和飞行接口后，其中的英雄就具备了游泳、飞行这两项技能。

（3）其次要定义冒险者抽象类，编写两个抽象方法——语言和武术。英雄类继承自冒险者抽象类，因此，其中的英雄也具有这两项技能。

（4）最后，编写测试类，实例化英雄对象，运行程序并查看结果。

【实现代码】

（1）定义游泳接口和飞行接口，其代码如示例 4-17 所示。

【示例 4-17】定义游泳接口和飞行接口。

```
package com.sjzlg.www;
interface canSwim{
    void swim();
}
interface canFly{
    void fly();
}
```

（2）定义冒险者抽象类，其代码如示例 4-18 所示。

【示例 4-18】 定义冒险者抽象类。

```
abstract class AdventureMan{
    abstract void speak(String s);
    abstract void fight(String emp);
}
```

（3）定义英雄类，其代码如示例 4-19 所示。

【示例 4-19】 定义英雄类。

```
class Hero extends AdventureMan implements canSwim,canFly{
    String name;
    Hero(String name){
        this.name=name;
    }
    @Override
    public void fly(){
        System.out.println(name+"can fly");
    }
    @Override
    public void swim(){
        System.out.println(name+"can swim");
    }
    @Override
    void speak(String s){
        System.out.println(name+"can speak"+s);
    }
    @Override
    void fight(String emp){
        System.out.println(name+"can fight"+emp);
    }
}
```

（4）编写测试类，其代码如示例 4-20 所示。

【示例 4-20】 编写测试类。

```
public class Adventure{
    public static void main(String[]args){
        Hero h=new Hero("杨过");
        h.swim();
        h.fly();
        h.speak("多国语言");
        h.fight("降龙十八掌");
    }
}
```

运行结果如图 4-16 所示。

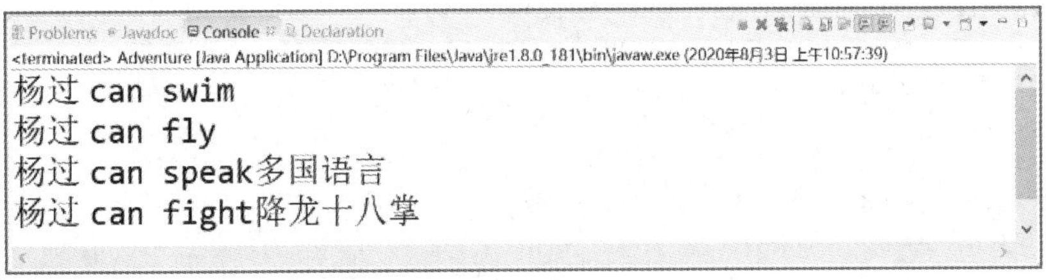

```
杨过 can swim
杨过 can fly
杨过 can speak多国语言
杨过 can fight降龙十八掌
```

图 4-16　运行结果

4.6 多态

面向对象的三大特征包括封装、继承、多态。封装可以提高程序的安全性,继承可以提高代码的复用性,多态则可以提高程序的可扩展性和可维护性。

多态,简单来说就是具有多种表示形态。

4.6.1 生活中的多态

现实中,例如我们按【F1】键这个动作:

如果当前在 Flash 界面下,打开的就是 Flash 帮助文档;

如果当前在 Windows 界面下,打开的就是 Windows 帮助文档;

如果当前在 Microsoft Word 界面下,打开的就是 Word 帮助文档。

多态其实可以理解为同一个事件发生在不同的对象上会产生不同的结果。生活中的多态实现代码如示例 4-21 所示,运行结果如图 4-17 所示。

【示例 4-21】生活中的多态。

```
package com.sjzlg.www;
abstract class PressF1{
    public abstract void pressF1();
}
class FlashF1 extends PressF1{
    @Override
    public void pressF1(){
        System.out.println("打开Flash帮助文档");
    }
}
class WinF1 extends PressF1{
    @Override
    public void pressF1(){
        System.out.println("打开Windows帮助文档");
    }
}
class WordF1 extends PressF1{
    @Override
    public void pressF1(){
        System.out.println("打开Word帮助文档");
    }
}
public class TestF1{
    public static void main(String[]args){
        PressF1 flaf1=new FlashF1();
        flaf1.pressF1();
        PressF1 winf1=new WinF1();
        winf1.pressF1();
        PressF1 wordf1=new WordF1();
        wordf1.pressF1();
    }
}
```

图 4-17 运行结果

由以上运行结果可总结出程序中多态的概念,即同一个引用类型,使用不同的实例而执行不同的操作。

4.6.2 Java 中如何实现多态

实现多态的 3 个步骤如下。
(1)编写父类/接口。
(2)编写子类/实现类,子类重写/实现父类中的方法。
(3)运行时,父类创建子类对象。

例如 "Animal an=new Cat();",等号左边是父类类型,称为编译时类型;等号右边是不同的子类,称为运行时类型。实现多态的前提条件是继承,没有继承,多态无从谈起。

课堂案例:使用多态实现酒店住宿的房费计算。

民宿 Inn 类与星级酒店 StarHotel 类都属于旅店 Hotel 类,都具有品牌和地址属性,都具备计算住宿费的功能,但是计算方式不同,所以可以将计算住宿费的方法定义为抽象方法。酒店住宿类的继承关系如图 4-18 所示。具体操作参见示例 4-22~示例 4-25。

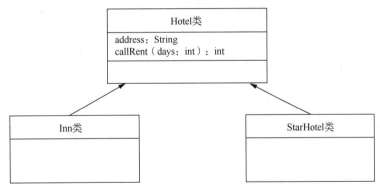

图 4-18 酒店住宿类的继承关系

【示例 4-22】编写父类 Hotel 类。

```
package com.sjzlg.www;
abstract class Hotel{
    private String brand;
    private String address;
    public Hotel(String brand,String address){
        this.brand=brand;
        this.address=address;
    }
    public abstract int callRent(int days);
    public void show(){
        System.out.println(brand+address);
    }
}
```

【示例 4-23】 编写子类 Inn 类。

```java
class Inn extends Hotel{
    public Inn(String brand,String address){
        super(brand,address);
    }
    @Override
    public int callRent(int days){
        return 300*days;
    }
}
```

【示例 4-24】 编写子类 StarHotel 类。

```java
class StarHotel extends Hotel{
    public StarHotel(String brand,String address){
        super(brand,address);
    }
    @Override
    public int callRent(int days){
        return 1500*days;
    }
}
```

【示例 4-25】 编写测试类。

```java
public class HotelTest{
    public static void main(String[]args){
        Hotel h1=new Inn("大理印象","云南");
        Hotel h2=new StarHotel("希尔顿","三亚");
        h1.show();
        System.out.println("房费总计："+h1.callRent(3));
        h2.show();
        System.out.println("房费总计："+h2.callRent(5));
    }
}
```

课堂案例运行结果如图 4-19 所示。

图 4-19　课堂案例运行结果

4.6.3　类型转换

在本书前面介绍基本数据类型时，已介绍过自动类型转换和强制类型转换。自动类型转换是自动发生的，如 double a=10，强制类型转换则需要使用圆括号加上需要转换的数据类型，如 int a=(int)3.14。在含有父子关系的类中或接口的实现类中存在向上类型转换和向下类型转换。

1. 向上类型转换

向上类型转换将子类类型转换成父类类型，是自动发生的，通常也称为自动类型转换，如示例 4-26 所示。

【示例 4-26】向上类型转换，将子类类型转换成父类类型。

```
Hotel h1=new Inn("古道客栈","丽江");
Hotel h2=new StarHotel("香格里拉","上海");
```

h1 与 h2 在调用方法时，只能调用父类定义的方法（包括子类从父类中继承过来的方法和子类重写父类或实现接口中的方法），如图 4-20 所示。

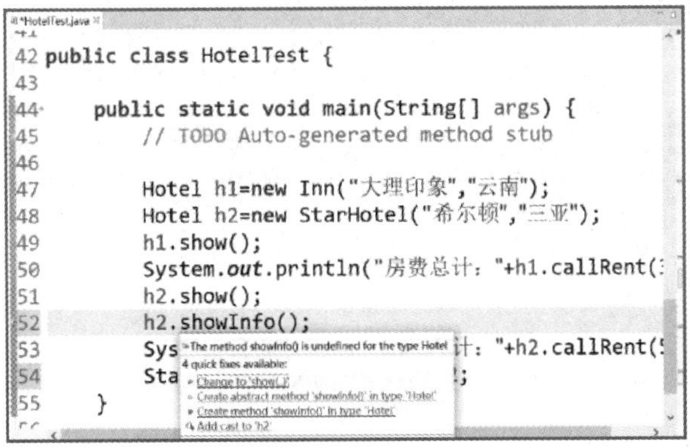

```
42 public class HotelTest {
43
44     public static void main(String[] args) {
45         // TODO Auto-generated method stub
46
47         Hotel h1=new Inn("大理印象","云南");
48         Hotel h2=new StarHotel("希尔顿","三亚");
49         h1.show();
50         System.out.println("房费总计："+h1.callRent(
51         h2.show();
52         h2.showInfo();
53         Sys  The method showInfo() is undefined for the type Hotel  "+h2.callRent(
54         Sta  4 quick fixes available:
              ▸ Change to 'show()'
55     }     ▸ Create abstract method 'showInfo()' in type 'Hotel'
              ▸ Create method 'showInfo()' in type 'Hotel'
              ▸ Add cast to 'h2'
```

图 4-20　向上类型转换只能调用父类定义的方法

2. 向下类型转换

向下类型转换将父类类型转换成子类类型，需要使用圆括号，通常也称为强制类型转换，如示例 4-27 所示。

【示例 4-27】向下类型转换，将父类类型转换成子类类型。

```
Hotel h1=new StarHotel("彼岸","大西洋");
StarHotel sh=(StarHotel)h1;
```

等号右边圆括号中的 StarHotel 是转换后的类型。对象 sh 在调用方法时，可以调用从父类继承过来的方法、子类重写父类的方法及自己类中独有的方法。

在进行向下类型转换时，要转换成实际的类型，否则会出现类型转换异常，如示例 4-28 所示，运行结果如图 4-21 所示。

【示例 4-28】向下类型转换时出现类型转换异常。

```
Hotel h1=new StarHotel("彼岸","大西洋");
Inn inn=(Inn)h1;
```

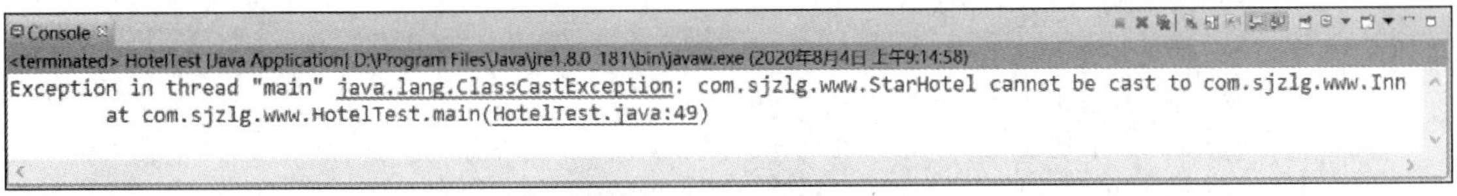

```
<terminated> HotelTest [Java Application] D:\Program Files\Java\jre1.8.0_181\bin\javaw.exe (2020年8月4日 上午9:14:58)
Exception in thread "main" java.lang.ClassCastException: com.sjzlg.www.StarHotel cannot be cast to com.sjzlg.www.Inn
        at com.sjzlg.www.HotelTest.main(HotelTest.java:49)
```

图 4-21　类型转换异常

示例 4-28 中第一行代码进行了向上类型转换，将 StarHotel 类型向上转换成了父类 Hotel 类型；第二行将父类类型的对象 h1 通过向下类型转换转换成了 Inn 类型，而实际类型是 StarHotel 类型，所以会产生类型转换异常。

4.6.4　类型验证关键字 instanceof

在进行向下类型转换时，容易出现类型转换异常，在 Java 中可以使用 instanceof 进行类型判断，语法格式如下。

> 对象(或者对象引用变量) instanceof 类(或接口)

它的判断结果只有 true 或 false 两种情况，如示例 4-29 所示。

【示例 4-29】使用 instanceof 运算符进行类型转换。

```
public class HotelTest{
    public static void main(String[]args){
        Hotel h1=new Inn("大理印象","云南");
        System.out.println("h1 instanceof Inn "+(h1 instanceof Inn));
        System.out.println("h1 instanceof Hotel "+(h1 instanceof Hotel));
        System.out.println("h1 instanceof Object "+(h1 instanceof Object));
        System.out.println("h1 instanceof StarHotel "+(h1 instanceof StarHotel));
    }
}
```

运行结果如图 4-22 所示。

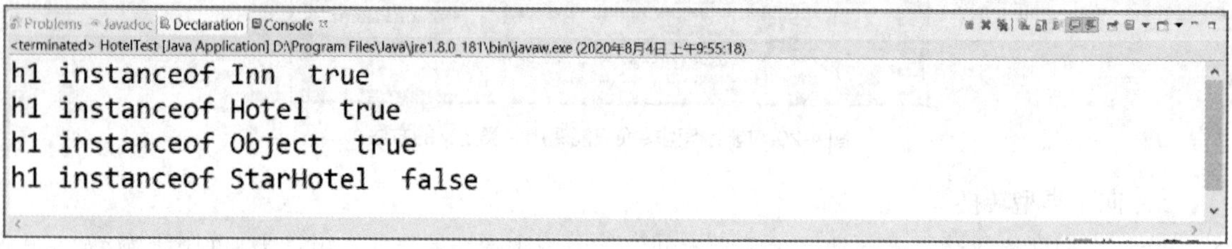

```
h1 instanceof Inn   true
h1 instanceof Hotel   true
h1 instanceof Object   true
h1 instanceof StarHotel   false
```

图 4-22 运行结果

4.6.5 Object 类

JDK 中提供了 Object 类，它是类层次结构的根类，每个类都直接或间接继承自该类，所有对象（包括数组）都实现了这个类的方法。Object 类中提供了很多方法供开发者使用，其中 equals(Object obj) 和 toString() 方法很常用。

（1）equals(Object obj)方法：在 Object 类中，该方法的作用与"=="相同，都用于比较内存地址，如示例 4-30 所示。

【示例 4-30】equals(Object obj)方法示例。

```
public class HotelTest{
    public static void main(String[]args){
        //创建两个属性值相同的对象
        Hotel h1=new Inn("大理印象","云南");
        Hotel h2=new Inn("大理印象","云南");
        System.out.println("h1==h2"+(h1==h2));
        System.out.println("h1.equals(h2)"+(h1.equals(h2)));
    }
}
```

运行结果如图 4-23 所示。

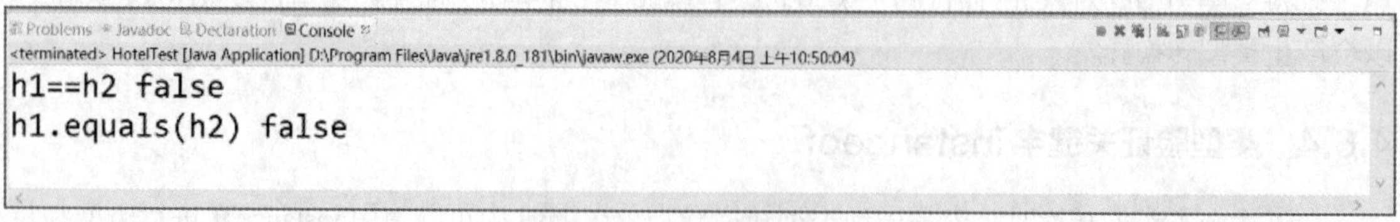

```
h1==h2 false
h1.equals(h2) false
```

图 4-23 运行结果

（2）toString()方法：输出的内容是一个字符串，即"完整的包名+类名+@+十六进制的散列码值"。直接输出对象时，默认调用 toString()方法，如示例 4-31 所示。

【示例 4-31】toString()方法示例。

```
public class HotelTest{
    public static void main(String[]args){
        Hotel h1=new Inn("大理印象","云南");
        System.out.println("h1------ "+h1);
        System.out.println("h1.toString()"+(h1.toString()));
    }
}
```

运行结果如图 4-24 所示。

```
h1------ com.sjzlg.www.Inn@15db9742
h1.toString() com.sjzlg.www.Inn@15db9742
```

图 4-24　运行结果

4.7　内部类

在一个类中定义了另外一个类，外层的类称为外部类，内层的类称为内部类。

4.7.1　内部类的概述

内部类脱离外部类被访问是没有意义的，例如游乐场是外部类，而里面的每个项目就是内部类，要想玩游乐场的每个项目，必须先买门票进入游乐场。所以内部类无法脱离外部类而被直接访问。内部类的定义如示例 4-32 所示。

【示例 4-32】定义内部类。

```
package com.sjzlg.www;
public class Outer{    //外部类
    class Inner{    //内部类
    }
}
```

4.7.2　内部类的分类

根据内部类所定义的位置将其分为以下几类。

1. 成员内部类

类的属性和方法都属于类的成员，所以如果把一个类定义为与属性和方法同级别，则这个类是成员内部类。成员内部类被当成外部类的成员，在使用时可以使用外部类的对象调用，如示例 4-33 和示例 4-34 所示。

【示例 4-33】编写成员内部类。

```
package com.sjzlg.www;
public class Outer{    //外部类
    private String info="Hello World";
```

```
    class Inner{    //成员内部类
        public void show(){   //成员内部类中的方法
            System.out.println("info:"+info);   //访问外部类的私有属性info
        }
    }
}
```

【示例4-34】测试成员内部类。

```
package com.sjzlg.www;
import com.sjzlg.www.Outer.Inner;
public class Test{
    public static void main(String[]args){
        Outer o=new Outer();   //创建外部类的对象
        Inner i=o.new Inner();
        i.show();
    }
}
```

注意事项1：外部类不能直接使用成员内部类的属性和方法，可以间接使用。外部类访问成员内部类的方法，如示例4-35所示。

【示例4-35】外部类访问成员内部类的方法。

```
public class Outer{   //外部类
    private String info="Hello World";
    class Inner{   //成员内部类
        public void show(){    //成员内部类中的方法
            System.out.println("info:"+info);   //访问外部类的私有属性info
        }
    }
    public void print(){    //外部类的方法
        Inner i=new Inner();
        i.show();
    }
}
```

注意事项2：当成员内部类与外部类有相同的属性或方法时，成员内部类默认使用的是自己的属性或方法。如果想使用外部类的属性，则需要使用关键字this，语法为：外部类类名.this.属性，如示例4-36所示。

【示例4-36】使用关键字this访问外部类的属性。

```
package com.sjzlg.www;
public class Outer{   //外部类
    private String info="Hello World";
        class Inner{   //成员内部类
            private String info="Hello Java";
            public void show(){    //成员内部类中的方法
                System.out.println("info:"+info);   //访问成员内部类的私有属性info
                System.out.println("外部类的info: "+Outer.this.info);   //访问外部类的属性info
            }
        }
}
```

运行结果如图4-25所示。

```
info:Hello Java
外部类的info: Hello World
```

图 4-25 运行结果

2. 静态内部类

在成员内部类前加上 static 则可称其为静态内部类。静态内部类通常用来给类的静态属性赋值。静态内部类使用外部类的类名访问，如示例 4-37 所示。

【示例 4-37】编写静态内部类。

```java
package com.sjzlg.www;
public class StaticOuterClass{
    private static String info="Hello";
    static class InnerClass{  //静态内部类
        public void show(){
            System.out.println("info:"+info);
        }
    }
}
```

注意事项如下。

① 静态内部类只能访问外部类的静态属性或方法。

② 如果内部类中的属性或方法是静态的，那么这个内部类必须是静态内部类，如示例 4-38 所示。

【示例 4-38】静态内部类中的静态方法。

```java
package com.sjzlg.www;
public class StaticOuterClass2{
    private static String info="Hello";
    static class InnerClass{  //静态内部类
        public static void show(){
          System.out.println("info:"+info);
        }
    }
}
```

3. 方法中的内部类

方法中的内部类是方法中的局部变量，不允许使用访问权限修饰符来修饰，如示例 4-39 所示。

【示例 4-39】编写方法中的内部类。

```java
package com.sjzlg.www;
public class FunClass{
    private String info="Hello";
    public void show(int num){   //外部类的方法
        final int num1=2;
        class InnerClass{      //内部类被定义在了外部类的方法里
            public void fun(){
                System.out.println("num1: "+num1);
                System.out.println("num: "+num);
                System.out.println("info: "+info);
            }
        }
```

```
            new InnerClass().fun();    //创建方法中的内部类的对象,必须在方法结束前创建
        }    //方法的结束
}
```

方法中的内部类需要使用方法的参数,在 JDK 1.8 之前的版本中,方法的参数前必须加上 final 关键字,内部类若需使用方法中的局部变量,局部变量前也需加 final。从 JDK 1.8 开始,方法中的内部类在使用方法的参数或方法中的局部变量时,可以不再添加 final 关键字。

注意
方法中的内部类不能在方法以外的地方使用。

4. 匿名内部类

匿名内部类,顾名思义,就是没有名字的内部类,适合只需要使用一次的类。使用匿名内部类有个前提条件,即必须存在继承或实现关系,如示例 4-40 所示。

【示例 4-40】匿名内部类。

```
package com.sjzlg.www;
interface MyInterface{
    public void myFun();
}
public class OuterClass{    //外部类
    public void outer(){    //外部类的方法
        new MyInterface(){
            @Override
            public void myFun(){
                System.out.println("myFun 方法");
            }
        };
    }
}
```

本章小结

本章主要介绍了面向对象的继承、多态特征,这与第 3 章介绍的面向对象的封装构成了面向对象程序设计语言的三大特征,也是 Java 的精髓所在。本章还介绍了 final 关键字、抽象类和接口及内部类的概念。本章和第 3 章是本书最重要的两章,熟练掌握这两章内容,能帮助读者更快速、更高效地学习其他内容。

练习题

选择题

1. 关于 Java 中的多态,以下说法不正确的是(   )。
   A. 多态不仅可以减少代码量,还可以提高代码的可扩展性和可维护性
   B. 把子类转换为父类,称为向下类型转换,是自动进行类型转换的
   C. 多态是指同一个实现接口,使用不同的实例而执行不同的操作

D. 继承是多态的基础，没有继承就没有多态

2. 编译并运行如下 Java 代码，输出结果是（　　）。

```java
class Base{
    public void method(){
        System.out.println("Base method");
    }
}
class Child extends Base{
    public void methodB(){
        System.out.println("Child methodB");
    }
}
class Sample{
    public static void main(String[]args){
        Base base=new Child();
        base.methodB();
    }
}
```

A. Base method
B. Child methodB
C. Base method Child methodB
D. 编译错误

3. 在 Java 中，下列关于引用数据类型的类型转换说法正确的是（　　）。（选择两项）

A. 引用数据类型的类型转换有向上类型转换和向下类型转换
B. 向下类型转换，必须转换成其真实子类型，不能随意转换
C. 向下类型转换是自动进行的，也称隐式转换
D. 向上类型转换可以使用 instanceof 操作符来判断转换的合法性

4. 有如下 Java 程序，Test 类中的 4 个输出语句的输出结果依次是（　　）。

```java
class Person{
    String name="person";
    public void shout(){
        System.out.println(name);
    }
}
class Student extends Person{
    String name="student";
    String school="school";
}
public class Test{
    public static void main(String[]args){
        Person p=new Student();
        System.out.println(p instanceof Student);
        System.out.println(p instanceof Person);
        System.out.println(p instanceof Object);
        System.out.println(p instanceof System);
    }
}
```

A. true,false,true,false
B. false,true,false,false
C. true,true,true,编译错误
D. true,true,false,编译错误

5. 以下选项中关于匿名内部类的说法正确的是（　　）。（选择两项）

A. 匿名内部类可以实现多个接口，或者继承一个父类
B. 匿名内部类不能是抽象类，必须实现它的抽象父类或者接口里包含的所有抽象方法

C. 匿名内部类没有类名，所以匿名内部类不能定义构造方法
D. 匿名内部类可以直接访问外部类的所有局部变量

上机实战

实战 4-1　模拟"小哥快跑"快递物流系统功能

❓ 需求说明

模拟"小哥快跑"快递物流系统功能，能够查看物品的物流信息，并模拟后台系统处理货物的过程。

❓ 实现思路

（1）运输货物首先需要有交通工具，所以需要定义一个交通工具类。由于交通工具有多种，因此将交通工具类定义成一个抽象类，类中需要包含交通工具的编号、型号及运货负责人等属性，还要定义一个抽象的运输方法。

（2）运输完成后，需要对交通工具进行保养，所以需要定义保养接口，以具备交通工具的保养功能。

（3）交通工具可能有很多种，这里定义一个专用运输车类，该类需要继承交通工具类，并实现保养接口。

（4）有了负责运输的交通工具后，就可以开始运输货物了。货物在运输前、运输中和运输后都需要检查和记录，并且每一个快递都有快递单号，这时可以定义一个快递任务类，包含快递单号和货物重量等属性，以及货物运输前、运输中和运输后等方法。

（5）在货物运输过程中，需要对运输车辆进行定位，以便随时跟踪货物的位置信息。实现定位功能需要定义一个 GPS 接口，以及实现该接口的仪器类（如 phone 等）。

（6）编写测试类，查看运行结果。

参考解决方案可以在配套资源中获取或扫描二维码查看。

实战 4-1 参考解决方案

第 5 章 异常

本章目标

- 理解异常及异常处理机制。
- 熟练使用 try-catch-finally 处理异常。
- 会使用 throws 声明异常、使用 throw 抛出异常。
- 熟练使用异常类。
- 会自定义异常类。

5.1 异常概述

5.1.1 认识异常

异常就是不正常的情况,程序和我们的生活是一样的,也会出现不正常的情况。例如你每天早上从家到单位,正常情况下 20 分钟可以到达,但要是遇到堵车或交通事故等情况,20 分钟可能到不了公司。那么堵车或交通事故是你每天都能遇到的情况吗?当然不是,这是可能发生也可能不发生的。

其实程序也是这样的。程序异常是指在程序的运行过程中所出现的不正常情况,异常会中断正在运行的程序。下面我们通过示例 5-1 来认识程序中的异常。

【示例 5-1】编写程序实现根据提示输入被除数和除数,计算并输出商,最后输出"感谢使用本程序!"。

关键代码如下。

```
package com.sjzlg.exception;
import java.util.Scanner;
public class divide{
  public static void main(String[]args){
    Scanner in=new Scanner(System.in);
    System.out.print("请输入被除数:");
    int num1=in.nextInt();
    System.out.print("请输入除数:");
    int num2=in.nextInt();
    int result=num1/num2;
    System.out.println("商是:"+result);
```

```
        System.out.println("感谢使用本程序！");
    }
}
```

正常情况下，用户会按照系统的提示输入整数，除数不能为 0，输出结果如图 5-1 所示。

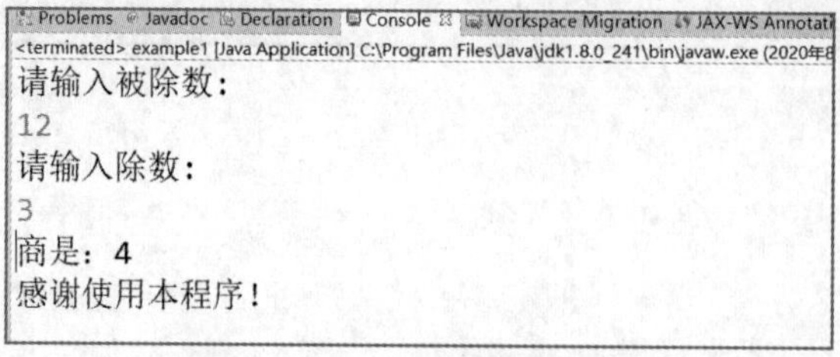

```
请输入被除数：
12
请输入除数：
3
商是：4
感谢使用本程序！
```

图 5-1　正常情况下的输出结果

对于不正常的情况，有一种可能是输入的数据类型与接收（程序期望）的数据类型不一致，输出结果如图 5-2 所示。

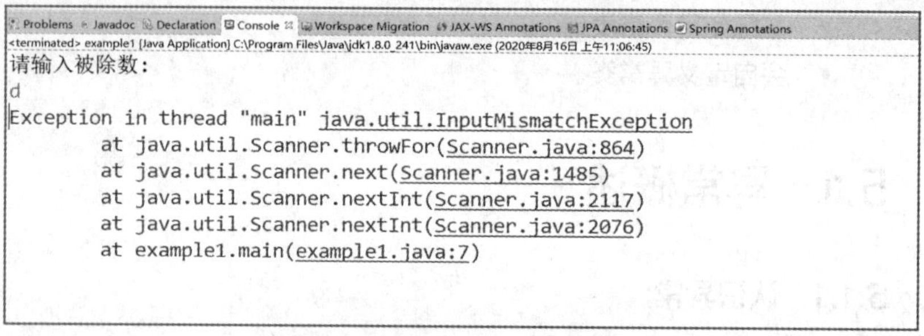

```
请输入被除数：
d
Exception in thread "main" java.util.InputMismatchException
        at java.util.Scanner.throwFor(Scanner.java:864)
        at java.util.Scanner.next(Scanner.java:1485)
        at java.util.Scanner.nextInt(Scanner.java:2117)
        at java.util.Scanner.nextInt(Scanner.java:2076)
        at example1.main(example1.java:7)
```

图 5-2　数据类型不一致的输出结果

对于不正常的情况，还有一种可能是除数为 0，输出结果如图 5-3 所示。

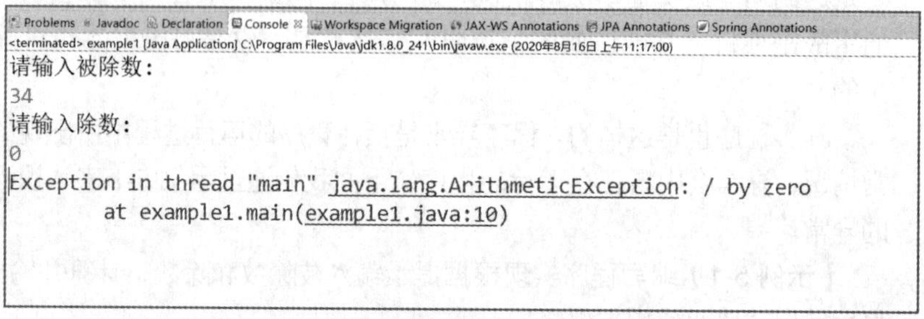

```
请输入被除数：
34
请输入除数：
0
Exception in thread "main" java.lang.ArithmeticException: / by zero
        at example1.main(example1.java:10)
```

图 5-3　除数为 0 的输出结果

从运行结果可以看出，一旦出现异常，程序会立刻结束，不仅计算和输出商的语句不会执行，就连输出"感谢使用本程序！"的语句也不会执行。这对用户来说非常不友好，我们可以通过增加 if…else…语句对各种异常情况进行判断和处理，判断输入为 0 和输入不合法的情况，代码如示例 5-2 所示。

【示例 5-2】在代码中增加 if…else…语句。

```
package com.sjzlg.exception;
import java.util.Scanner;
public class divide2{
    public static void main(String[]args){
        Scanner in=new Scanner(System.in);
        System.out.print("请输入被除数:");
        int num1=0;
```

```
        if(in.hasNextInt()){
            num1=in.nextInt();
        }else{
            System.err.println("输入的被除数不是整数,程序退出。");
            System.exit(1);
        }
        System.out.print("请输入除数:");
        int num2=0;
        if(in.hasNextInt()){
            num2=in.nextInt();
            if(0==num2){
                System.err.println("输入的除数是 0,除数不能为 0,程序退出。");
                System.exit(1);
            }
        }else{
            System.err.println("输入的除数不是整数,程序退出。");
            System.exit(1);
        }
        int result=num1/num2;
        System.out.println("商是: "+result);
        System.out.println("感谢使用本程序! ");
    }
}
```

使用 if…else…语句之后,程序运行过程中不会"崩溃",但是这个程序会变得非常"臃肿"。程序员虽然在不断地给程序补漏洞,但也不可能将所有不正常的情况都想到。异常处理代码和业务代码交织在一起,会影响代码的可读性,加大日后程序的维护难度。Java 提供了异常处理机制,可以由系统来处理程序在运行过程中可能出现的异常,使程序员有更多精力关注业务代码的编写。

5.1.2 异常的分类

Java 中的异常有很多类型,异常在 Java 中被封装成了各种异常类,所有的异常类都是异常 Throwable 的子类。Throwable 有 Error 和 Exception 两个子类,如图 5-4 所示。

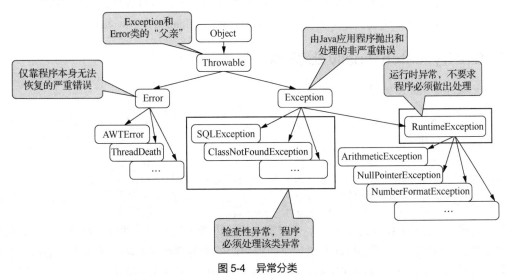

图 5-4 异常分类

Error 类：一般指的是 JVM 错误，一般该类的子类都以 Error 结尾，这类错误是仅靠程序本身无法恢复的严重错误，如内存溢出、动态链接失败、JVM 错误。应用程序不应该抛出这种类型的错误。假如出现了这种错误，应尽力使程序安全退出。

Exception 类：由 Java 应用程序抛出和处理的非严重错误，如所需文件找不到、网络连接不通或连接中断、算术运算出错（如被 0 除）、数组索引越界、装载一个不存在的类、对空对象操作、类型转换异常等。它的各种子类分别对应不同类型的异常。Exception 又可分为如下两大类异常。

- 运行时异常：包括 RuntimeException 类及其所有子类。不要求程序必须做出处理。如示例 5-1 中的算术异常（ArithmeticException），本章重点讲解的就是这类异常。
- Checked 异常（非运行时异常）：除了运行时异常外的其他从 Exception 类继承来的异常。

在进行程序设计时，我们应该更关注 Exception 类。表 5-1 所示为常见的异常类，读者现阶段只需初步了解这些异常类即可。在以后的编程中，读者可以根据系统报告的异常信息，分析异常类来判断程序到底出现了什么问题。

表 5-1 常见的异常类

异常类	说明
Exception	异常层次结构的父类
ArithmeticException	算术错误情形，如以 0 作除数
ArrayIndexOutOfBoundsException	数组索引越界
NullPointerException	空指针异常
ClassNotFoundException	找不到需要加载的类
IllegalArgumentException	方法接收到非法参数
ClassCastException	对象强制类型转换出错
NumberFormatException	数字格式转换异常，如把"boy"转换成数字

5.2 异常的处理机制

异常处理机制就像人们对平时可能会遇到的意外情况预先想好的一些处理办法。在程序执行时，若发生了异常，程序会按照预定的处理办法对异常进行处理，异常处理完毕之后，程序会继续运行。Java 的异常处理是通过 5 个关键字来实现的，即 try、catch、finally、throw 和 throws。

5.2.1 使用 try-catch-finally 处理异常

使用 try-catch-finally 处理异常的格式如下。

```
try{
    //有可能出现异常的语句
}catch(异常类对象){
    //异常处理
}finally{
    //不管是否出现异常，都执行统一的代码
}
```

上述格式中已经明确地表示，在 try 语句块中捕获可能出现异常的语句。如果在 try 语句块中捕获了异常，则程序会自动跳到 catch 语句块中找到匹配的异常类进行相应的处理。最后不管程序是否会产生异常，都会执行到 finally 语句块，finally 语句块就作为异常的统一出口。需要提醒读者的是，finally 语句块是可以省略的。如果省略了 finally 语句块，则在 catch 语句块执行完后，程序将继续向下执行。

小提示
以上格式中的 catch 和 finally 都是可选的。实际上这并不表示这两个语句块可以同时省略，异常格式的组合往往有 3 种：try-catch、try-finally、try-catch-finally。

使用 try-catch-finally 处理异常的具体操作参见示例 5-3。

【示例 5-3】通过使用 try-catch-finally 来处理示例 5-1 中的异常。

```java
package com.sjzlg.exception;
import java.util.Scanner;
public class divide3{
    public static void main(String[]args){
        try{
            Scanner in=new Scanner(System.in);
            System.out.print("请输入被除数:");
            int num1=in.nextInt();
            System.out.print("请输入除数:");
            int num2=in.nextInt();
            int result=num1/num2;
            System.out.println(num1+"/"+num2+"="+result);
            System.out.println("感谢使用本程序! ");
        }catch(Exception e){
            System.err.println("被除数和除数必须是整数,"+"除数不能为 0。");
            e.printStackTrace();
        }finally{
            System.out.println("感谢使用本程序! ");
        }
    }
}
```

try-catch-finally 语句块的执行流程大致分为如下几种情况。

（1）如果 try 语句块中所有语句正常执行完毕，没有发生异常，那么 catch 语句块中的所有语句都会被忽略。当在控制台输入两个整数时，示例 5-3 中的 try 语句块中的代码将正常执行。这时不会执行 catch 语句块中的代码。输出结果如图 5-5 所示。同时 finally 语句块也会执行。

```
Problems  Javadoc  Declaration  Console  Workspace Migration  JAX-WS Annotations  JPA Annotations  Spring Annotation
<terminated> example3 [Java Application] C:\Program Files\Java\jdk1.8.0_241\bin\javaw.exe (2020年8月17日 上午9:06:34)
请输入被除数:12
请输入除数:3
12/3=4
感谢使用本程序!
```

图 5-5　未发生异常的输出结果

（2）如果 try 语句块在执行过程中发生异常，并且这个异常与 catch 语句块中声明的异常类匹配，那么 try 语句块中剩下的代码都将被忽略，而相应的 catch 语句块会被执行。匹配是指 catch 所包含的异常类能够处理生成的异常。当在控制台提示下输入除数时输入了 0，示例 5-3 中 try 语句块中的代码 "int num1=in.nextInt();" 将抛出 ArithmeticException。由于 ArithmeticException 是 Exception 的子类，程序将忽略 try 语句块中剩下的代码而执行 catch 语句块。输入除数为 0 的输出结果如图 5-6 所示。

图 5-6 输入除数为 0 的输出结果

（3）示例 5-3 在出现异常后，是采用输出异常信息的方式进行处理的，但是这样的处理方式不能够明确地描述异常类，而且出现异常的目的是解决异常。所以为了能够进行异常的处理，可以使用异常类中提供的 printStackTrace()方法进行异常信息的完整输出。所有的异常类中都会提供 printStackTrace()方法，而利用这个方法输出的异常信息，会明确地告诉用户是代码中的第几行出现了异常，这样非常方便用户进行代码的调试。

（4）无论这种异常能否被 catch 语句块处理，都将执行 finally 语句块中的代码。例如，当在控制台输入的除数非数字时，示例 5-3 的 try 语句块中将抛出异常，进入 catch 语句块，最后 finally 语句块中的代码也将被执行。输出结果如图 5-7 所示。

图 5-7 输出结果

小提示

try-catch-finally 结构中 try 语句块是必须存在的，而 catch、finally 语句块为可选的，但两者至少出现其中之一。需要特别注意的是，即使在 catch 语句块中存在 return 语句，finally 语句块中的语句也会执行。发生异常时的执行顺序是，先执行 catch 语句块中 return 之前的语句，再执行 finally 语句块中的语句，最后执行 catch 语句块中的 return 语句并退出。

5.2.2 使用多个 catch 语句块处理异常

在 try-catch-finally 中，一个 try 语句块可以与多个 catch 语句块一起使用，这样就可以捕获更多的异常。为了让读者更加清楚捕获多个异常的作用，下面首先对示例 5-3 进行部分修改。在计算并输出商的过程中，至少存在两种异常情况，输入非整数内容和除数为 0。在示例 5-3 中统一按照 Exception 类捕获异常，其实可使用多个 catch 语句块分别捕获并处理对应异常。一段代码可能会引发多种类型的异常，这时可以在一个 try 语句块后面跟多个 catch 语句块分别处理不同的异常。但排列顺序是从子类到父类，最后一个一般是 Exception 类。因为按照匹配原则，如果把父类放到前面，后面的 catch 语句块将不被执行。运行时，系统从上到下分别对每个 catch 语句块处理的异常类进行检测，并执行第一个与异常类匹配的 catch 语句。执行其中的一个 catch 语句块之后，其后的 catch 语句块将被忽略。

下面对示例 5-3 进行修改，如示例 5-4 所示。

【示例 5-4】修改后的示例 5-3。

```java
package com.sjzlg.exception;
import java.util.*;
public class divide4{
    public static void main(String[]args){
        try{
            Scanner in=new Scanner(System.in);
            System.out.print("请输入被除数:");
            int num1=in.nextInt();
            System.out.print("请输入除数:");
            int num2=in.nextInt();
            int result=num1/num2;
            System.out.println(num1+"/"+num2+"="+result);
        }catch(ArithmeticException e){
            System.err.println("除数不能为0。");
            e.printStackTrace();
        }catch(InputMismatchException e){
            System.err.println("被除数和除数必须是整数。");
            e.printStackTrace();
        }catch(Exception e){
            System.err.println("未知异常。");
            e.printStackTrace();
        }finally{
            System.out.println("感谢使用本程序！");
        }
    }
}
```

程序运行后，如果输入的除数是 0，系统会抛出 ArithmeticException，进入第一个 catch 语句块，并执行其中的代码，而其后的 catch 语句块将被忽略。进入第一个 catch 语句块的输出结果如图 5-8 所示。

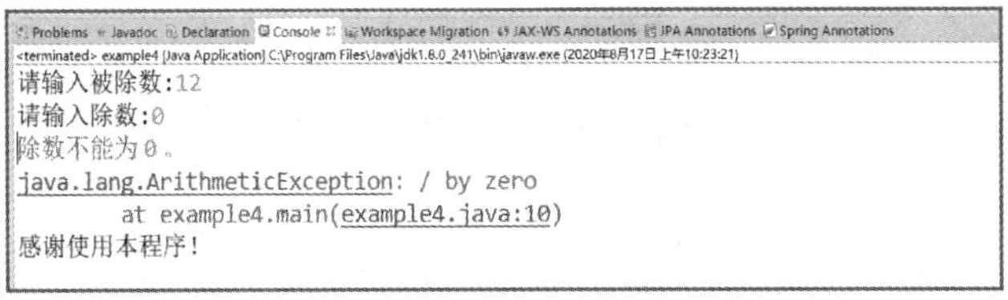

图 5-8　进入第一个 catch 语句块的输出结果

如果输入的不是整数，系统会抛出 InputMismatchException，进入第二个 catch 语句块，并执行其中的代码，而其后的 catch 语句块将被忽略。进入第二个 catch 语句块的输出结果如图 5-9 所示。

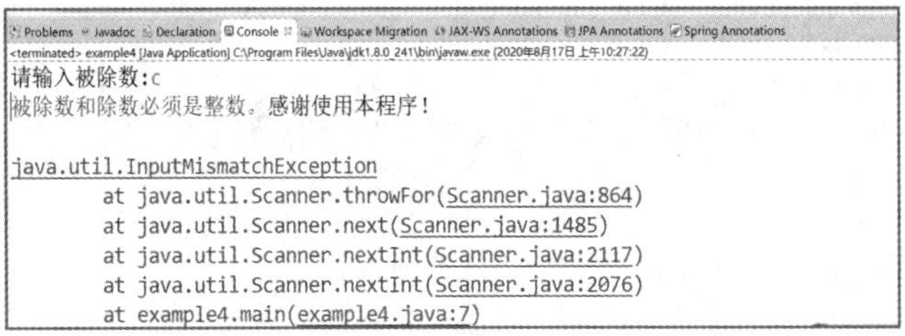

图 5-9　进入第二个 catch 语句块的输出结果

5.2.3 使用 throws 声明异常

前面我们学习的都是如何在自己编写的方法里处理异常，而在实际工作的过程中，很多时候我们是调用别人编写的方法。试想一下，调用别人写的方法时，能否知道别人写的方法有无异常呢？这是很难做出判断的。针对这样的情况，Java 中允许在方法的后面使用 throws 关键字对外声明该方法有可能发生的异常。这样调用者在调用方法时，就会知道该方法可能有异常，并且必须在程序中对异常进行处理，否则编译无法通过。

throws 关键字用于声明一个方法可能抛出异常，位置在方法名的后面，可以写多个 Exception 类的子类，每个异常类之间使用英文的逗号分隔。throws 关键字的使用格式如下。

```
public class example5{
    public static void div()throws Exception{
        …
    }
}
```

方法 div()使用 throws 关键字声明可能产生异常，在调用该方法时要求必须对异常进行处理，处理方法有两种，一种是使用 try-catch-finally 进行捕获，另一种是使用 throws 关键字继续向上一级调用处声明抛出，分别如示例 5-5 和示例 5-6 所示。

【示例 5-5】使用 try-catch-finally 处理异常。

```
package com.sjzlg.exception;
import java.util.*;
public class divideThrow{
    public static void main(String[]args){
        try{
            div();
        }catch(InputMismatchException e){
            System.err.println("被除数和除数必须是整数。");
        }catch(ArithmeticException e){
            System.err.println("除数不能为 0。");
        }catch(Exception e){
            System.err.println("其他未知异常。");
        }finally{
            System.out.println("感谢使用本程序！");
        }
    }
    //通过 throws 声明异常
    public static void div()throws Exception{
        Scanner in=new Scanner(System.in);
        System.out.print("请输入被除数:");
        int num1=in.nextInt();
        System.out.print("请输入除数:");
        int num2=in.nextInt();
        int result=num1/num2;
        System.out.println(num1+"/"+num2+"="+result);
    }
}
```

【示例 5-6】使用 throws 向上一级调用处声明抛出异常。

```
package com.sjzlg.exception;
import java.util.Scanner;
```

```java
public class divideThrows{
    public static void main(String[]args)throws Exception{
        div();
    }
    //通过throws声明抛出异常
    public static void div()throws Exception{
        Scanner in=new Scanner(System.in);
        System.out.print("请输入被除数:");
        int num1=in.nextInt();
        System.out.print("请输入除数:");
        int num2=in.nextInt();
        int result=num1/num2;
        System.out.println(num1+"/"+num2+"="+result);
    }
}
```

5.2.4 自定义异常类

到目前为止，我们只列举了 Java 运行时系统引发的异常，然而，如果因为业务逻辑需要手动抛出异常，可以用 throw 抛出明确异常。如年龄不在正常范围内、性别不是"男"或"女"等，此时需要程序员而不是系统来抛出异常，把问题提交给调用者去解决。

当 Java 提供的异常类不能满足程序的需要时，我们可以自定义异常类。自定义异常类一般有如下几个步骤。

（1）定义异常类，并继承 Exception 类或者 RuntimeException 类。
（2）编写异常类的构造方法，并使用 super 关键字调用父类的构造方法。
（3）实例化自定义对象。
（4）使用 throw 抛出异常。

自定义异常类的具体操作参见示例 5-7 和示例 5-8。

【示例 5-7】自定义异常类。

```java
package com.sjzlg.exception;
//继承Exception类或者RuntimeException类
public class SexException extends Exception{
    //使用super调用父类的无参构造方法
    public SexException(){
        super();
    }
    //使用super调用父类的有参构造方法
    public SexException(String message){
        super(message);
    }
}
```

【示例 5-8】使用 throw 抛出异常。

```java
package com.sjzlg.exception;
import java.util.Scanner;
public class ThrowSexException{
    public static void main(String[]args){
        Scanner input=new Scanner(System.in);
        String sex=null;
        try{
```

```
            System.out.println("请输入您的性别:");
            sex=input.next();
            if("男".equals(sex)||"女".equals(sex)){
                System.out.println("您刚才输入的性别是:"+sex);
            }else{
                throw new SexException("对不起,性别只能是男或女");
            }
        }catch(SexException e){
            e.printStackTrace();
        }finally{
            System.out.println("程序结束");
        }
    }
}
```

运行结果如图 5-10 所示。

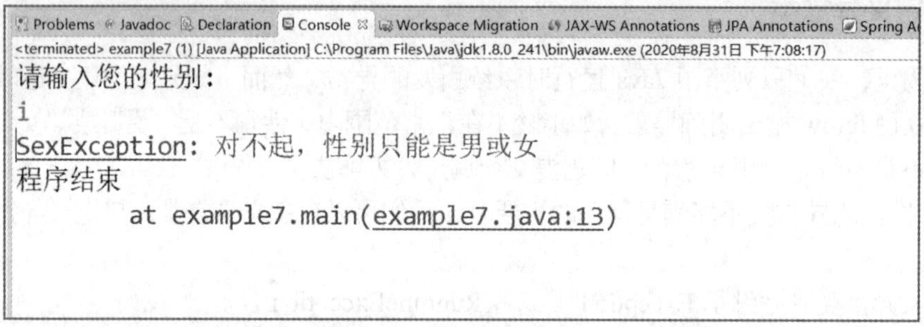

图 5-10　运行结果

小提示

throw 和 throws 的区别如下。
- 作用不同：throw 用于声明程序员自行抛出的异常；throws 用于声明该方法内抛出了异常。
- 使用位置不同：throw 位于方法体内部，可以作为单独语句使用；throws 必须跟在方法参数列表的后面，不能单独使用。
- 内容不同：throw 只能抛出一个异常对象；throws 可以抛出多个异常类。

本章小结

本章主要介绍了异常的概念、处理机制及其使用方法。在程序运行的过程中，可能会发生各种异常情况，因此掌握如何处理异常是学习 Java 编程的重要内容。掌握本章内容，有助于读者更快速、高效地学习其他章节内容。

练习题

选择题

1. Java 中用来抛出异常的关键字是（　　）。
   A. try　　　　　B. catch　　　　　C. throw　　　　　D. finally

2. 关于异常，下列说法正确的是（　　）。
   A. 异常是一种对象
   B. 一旦程序运行，异常将被创建
   C. 为了保证程序的运行速度，要尽量避免异常控制
   D. 以上说法都不对
3. （　　）类是所有异常类的父类。
   A. Throwable　　B. Error　　　　C. Exception　　　D. AWTError
4. Java 中，（　　）是异常处理的出口。
   A. try 语句块　　B. catch 语句块　C. finally 语句块　D. 以上说法都不对
5. 自定义异常类时，可以继承的类是（　　）。
   A. Error　　　　　　　　　　　　B. Applet
   C. Exception 及其子类　　　　　　D. AssertionError
6. 在异常处理中，将可能抛出异常的方法放在（　　）语句块中。
   A. throws　　　　B. catch　　　　C. try　　　　　　D. finally
7. 对于 try-catch 的排列方式，下列说法正确的是（　　）。
   A. 子类异常在前，父类异常在后　　B. 父类异常在前，子类异常在后
   C. 只能有子类异常　　　　　　　　D. 父类异常与子类异常不能同时出现

上机实战

实战 5-1　自定义成绩异常处理

? 需求说明

编写程序接收用户输入的成绩信息，如果输入的成绩小于 0 或者大于 100，提示异常信息"请正确输入成绩信息"，如果输入的成绩为 0～100，在控制台输出该成绩，使用自定义异常实现。运行结果如图 5-11 和图 5-12 所示。

图 5-11　输入错误成绩

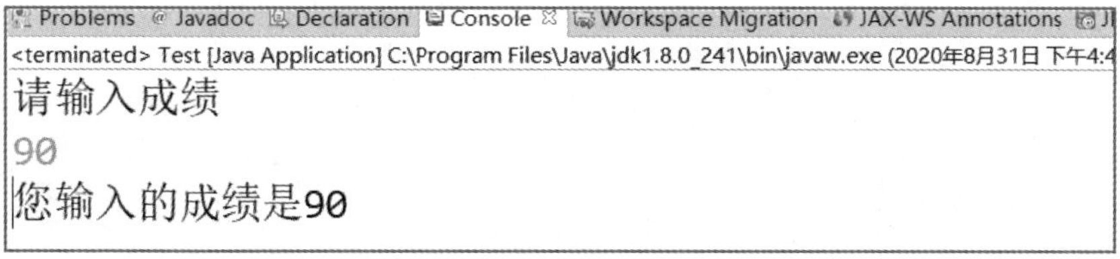

图 5-12　输入正确成绩

❓ 实现思路

（1）新建一个 ScoreException 类，继承自 Exception 类。

（2）新建测试类，从键盘输入成绩，如果分数为 0~100，则输出成绩；如果成绩不在该范围，则抛出异常信息，提示成绩必须为 0~100 分。

参考解决方案可以在配套资源中获取或扫描二维码查看。

实战 5-1 参考解决方案

第 6 章　Java API

本章目标
- 掌握 String 类、StringBuffer 类和 StringBuilder 类的使用方法。
- 了解 System 类、Runtime 类、Math 类、Data 类和 Random 类的使用方法。
- 了解包装类的概念。

6.1 String 类、StringBuffer 类和 StringBuilder 类

Java API 指的是 Java 应用程序接口，是 JDK 中提供的各种功能的 Java 类。假设编写一个程序去控制机器人，在用于控制机器人的 Java 类中定义好操作机器人完成各种动作的方法（编程的接口），向机器人发出走路、跑等命令。本章主要介绍这些 Java 类的功能和使用方法。

6.1.1 String 类初始化

在应用程序中经常会用到字符串，所谓字符串就是指一连串的字符，它是由许多单个字符连接而成的，如由多个英文字母所组成的一个英文单词。字符串中可以包含任意字符，这些字符必须包含在一对双引号内，例如"abc"。Java 中定义了 String 和 StringBuffer 两个类来封装字符串，并提供了一系列操作字符串的方法，它们都位于 java.lang 包中，因此不需要导入包就可以直接使用。接下来将对 String 类和 StringBuffer 类进行详细讲解。

在操作 String 类之前，首先需要对 String 类进行初始化。在 Java 中可以通过以下两种方式对 String 类进行初始化。

（1）使用字符串常量直接初始化字符串对象，示例代码如下。

```
String str1= "a";
```

（2）使用 String 类的构造方法初始化字符串对象。String 类的构造方法如表 6-1 所示。

表 6-1 String 类的构造方法

方法	功能描述
String()	创建一个内容为空的字符串
String(String value)	根据指定的字符串内容创建对象
String(char[]value)	根据指定的字符数组创建对象

示例 6-1 所示为字符串对象的创建。

【示例 6-1】字符串对象的创建。

```
package com.sjzlg.string;
public class CreateString{
    public static void main(String[]args){
    // 创建一个内容为 hero 的字符串
    String str2=new String("hero");
    // 创建一个内容为字符数组的字符串
    char[]charArray=new char[] {'A','B','C'};
    String str3=new String(charArray);
    System.out.println(str2);
    System.out.println(str3);
    }
}
```

运行结果如图 6-1 所示。

```
<terminated> CreateString [Java Application] D:\java\jdk1.8\bin\javaw.exe (2021-1-3 下午05:08:55)
hero
ABC
```

图 6-1 运行结果

6.1.2 String 类的常用方法

String 类的方法在实际开发中的应用非常广泛，因此，对 String 类的方法进行学习是非常重要的。接下来介绍 String 类中常用的一些方法，如表 6-2 所示。

表 6-2 String 类中常用的一些方法

方法	功能描述
indexOf(int i)	返回指定字符在此字符串中第一次出现的索引
lastIndexOf(int i)	返回指定字符在此字符串中最后一次出现的索引
indexOf(String s)	返回指定子字符在此字符串中第一次出现的索引
lastIndexOf(String s)	返回指定子字符在此字符串中最后一次出现的索引
charAt(int index)	返回字符串中 index 位置上的字符
endsWith(String suffix)	判断此字符串是否以指定的字符串结尾
length()	返回此字符串的长度
equals(Object anObject)	将此字符串与指定的字符串比较
isEmpty()	当且仅当字符串长度为 0 时返回 true
startsWith(String prefix)	判断此字符串是否以指定的字符串开始

续表

方法	功能描述
contains(CharSequence cs)	判断此字符串中是否包含指定的字符序列
toLowerCase()	使用默认语言环境的规则将 String 类中的所有字符都转换为小写
toUpperCase()	使用默认语言环境的规则将 String 类中的所有字符都转换为大写
valueOf(int i)	返回 int 型参数的字符串表示形式
toCharArray()	将此字符串转换为一个字符数组
split(String s)	根据参数 s 将原来的字符串分割为若干个子字符串
substring(int i)	返回一个新字符串,它包含从指定的 i 处开始查到此字符串末尾的所有字符

我们可以对字符串进行一些基本操作,如获得字符串长度、获得指定位置的字符等。接下来通过示例 6-2 来介绍相关基本操作的方法。

【示例 6-2】字符串的基本操作。

```
package com.sjzlg.string;
public class OperateString{
    public static void main(String[]args){
        String n="abcabc"; //声明字符串
        System.out.println("字符串的长度为: " +n.length());
        System.out.println("字符串中第一个字符: " +n.charAt(0));
        System.out.println("字符 c 第一次出现的位置: " +n.indexOf('c'));
        System.out.println("字符 c 最后一次出现的位置: " +n.lastIndexOf('c'));
        System.out.println("子字符串第一次出现的位置: " +n.indexOf("ab"));
        System.out.println("子字符串最后一次出现的位置: " +n.lastIndexOf("ab"));
    }
}
```

运行结果如图 6-2 所示。

```
<terminated> OperateString [Java Application] D:\java\jdk1.8\bin\javaw.exe (2021-1-3 下午05:10:25)
字符串的长度为:6
字符串中第一个字符:a
字符c第一次出现的位置:2
字符c最后一次出现的位置:5
子字符串第一次出现的位置:0
子字符串最后一次出现的位置:3
```

图 6-2 运行结果

通过示例 6-2,我们完成了对指定字符串进行长度获取、获得指定字符串出现的位置等操作,获取了我们想要的字符串相关的信息。

String 类为字符串的截取和分割操作提供了两个方法。其中,substring()方法用于截取字符串的一部分,split()方法可以通过指定分隔符将字符串分割为数组。接下来通过示例 6-3 来介绍这两个方法的具体使用方法。

【示例 6-3】字符串的截取和分割。

```
package com.sjzlg.string;
public class DivisionString{
    public static void main(String[]args){
        String str="i come,i see,i conquer";
```

```
            //下面是字符串截取操作
            System.out.println("从第 8 个字符截取到末尾的结果: " +str.substring(7));
            System.out.println("从第 5 个字符截取到第 6 个字符的结果: " +str.substring(5,6));
            //下面是字符串分割操作
            System.out.print("分割后的字符串数组中的元素依次为：");
            String[]strArray=str.split(",");  //将字符串转换为字符串数组
            for(int i=0;i<strArray.length;i++){
                System.out.print(strArray[i]+" ");
            }
        }
    }
```

运行结果如图 6-3 所示。

```
<terminated> DivisionString [Java Application] D:\java\jdk1.8\bin\javaw.exe (2021-1-3 下午05:11:54)
从第8个字符截取到末尾的结果：i see,i conquer
从第5个字符截取到第6个字符的结果：e
分割后的字符串数组中的元素依次为：i come i see i conquer
```

图 6-3　运行结果

小提示　　当获取字符串中的某个字符时，会用到字符的索引。当访问字符串中的字符时，如果字符的索引不存在，则会发生 StringIndexOutOfBoundsException（字符串索引越界异常）。

6.1.3　StringBuffer 类

由于字符串是常量，因此一旦创建，其内容和长度是不可改变的。如果需要对字符串进行修改，则只能创建新的字符串。为了便于对字符串进行修改，JDK 中提供了 StringBuffer 类（也称字符串缓冲区）。StringBuffer 类和 String 类最大的区别在于 StringBuffer 对象的内容和长度都是可以改变的。StringBuffer 类类似一个字符容器，当向其中添加或删除字符时，并不会产生新的 StringBuffer 对象。

针对添加和删除字符的操作，StringBuffer 类提供了一系列的方法，具体如表 6-3 所示。

表 6–3　StringBuffer 类提供的方法

方法	功能描述
StringBuffer append(char c)	添加参数到 StringBuffer 对象中
StringBuffer append(int offset,String str)	在字符串中的 offset 位置插入字符串 str
StringBuffer deleteCharAt(int index)	移除字符序列指定位置的字符
StringBuffer delete(int start,int end)	删除 StringBuffer 对象中指定范围的字符或者字符序列
void setCharAt(int index,char ch)	修改指定位置 index 处的字符序列
String toString()	返回 StringBuffer 缓冲区中的字符串
StringBuffer reverse()	将字符序列用其翻转形式取代

示例 6-4 所示为 StringBuffer 对象的创建及相关操作。

【示例 6-4】StringBuffer 对象的创建及相关操作。

```java
package com.sjzlg.stringbuffer;
public class CreateStringBuffer{
    public static void main(String[]args){
        StringBuffer a=new StringBuffer();
        a.append("abcdefg"); //在末尾添加字符串
        System.out.println("append添加结果："+a);
        a.insert(2,"11"); //在指定位置插入字符串
        System.out.println("insert添加结果："+a);
        //删除字符串
        StringBuffer b=new StringBuffer("abcdefg");
        b.delete(1,3); //指定范围删除
        System.out.println("删除指定位置结果："+b);
        b.deleteCharAt(4); //指定位置删除
        System.out.println("删除指定位置结果："+b);
        b.delete(0,b.length()); //清空缓冲区
        System.out.println("清空缓冲区结果："+b);
        //修改字符串
        StringBuffer c=new StringBuffer("abcdef");
        c.setCharAt(1,'l'); //修改指定位置字符
        System.out.println("修改指定位置字符结果："+c);
        c.replace(1,3,"lx"); //替换指定位置字符串或字符
        System.out.println("替换指定位置字符（串）结果："+c);
        System.out.println("字符串翻转结果："+c.reverse());
    }
}
```

运行结果如图 6-4 所示。

```
<terminated> CreateStringBuffer [Java Application] D:\java\jdk1.8\bin\javaw.exe (2021-1-3 下午05:13:15)
append添加结果：abcdefg
insert添加结果：ab11cdefg
删除指定位置结果：adefg
删除指定位置结果：adef
清空缓冲区结果：
修改指定位置字符结果：alcdef
替换指定位置字符（串）结果：alxdef
字符串翻转结果：fedxla
```

图 6-4 运行结果

StringBuffer 类和 String 类具有不同的特点，String 类表示的字符串是常量，一旦创建，内容和长度都是无法改变的，而 StringBuffer 类表示字符容器，其对象的内容和长度可以随时修改。在操作字符串时，如果该字符串仅用于表示数据类型，则使用 String 类表示的字符串即可，但是如果需要对字符串中的字符进行增删操作，则需使用 StringBuffer 类的对象。

6.1.4 StringBuilder 类

从 JDK 1.5 开始出现的 StringBuilder 类，也代表字符串对象。实际上，StringBuilder 和 StringBuffer 基本相似，两个类的构造方法也基本相同。不同的是，StringBuffer 是线程安全的，而 StringBuilder

则没有实现线程安全功能，所以 StringBuilder 性能略高。如果需要创建一个内容可变的字符串对象，则应该考虑使用 StringBuilder 类。

　　StringBuilder 提供了插入、追加、改变字符串里包含的字符序列等方法。StringBuilder 有 length 和 capacity 两个属性，其中 length 是可以改变的，可以通过 length()和 setLength(int len)方法来访问和修改字符序列的长度；capacity 属性表示 StringBuilder 的容量，通常比 length 大。

　　示例 6-5 所示为 StringBuilder 对象的创建及常用操作。

【示例 6-5】StringBuilder 对象的创建及常用操作。

```java
package com.sjzlg.stringbuilder;
public class CreateStringBuilder{
    public static void main(String[]args){
        StringBuilder s=new StringBuilder();
        s.append("java");
        System.out.println(s);
        s.insert(0,"hello");
        System.out.println(s);
        s.replace(5,6,",");
        System.out.println(s);
        s.delete(5,6);
        System.out.println(s);
        s.reverse();
        System.out.println(s);
        System.out.println(s.length());
    }
}
```

运行结果如图 6-5 所示。

```
<terminated> CreateStringBuilder [Java Application] D:\java\jdk1.8\bin\javaw.exe (2021-1-3 下午05:14:08)
java
hellojava
hello,ava
helloava
avaolleh
8
```

图 6-5　运行结果

　　示例 6-5 示范了 StringBuilder 对象的创建、追加、插入、替换、删除等操作，这些操作改变了 StringBuilder 对象的字符序列，这也是 StringBuilder 与 String 之间最大的区别。

6.2　System 类和 Runtime 类

6.2.1　System 类的常用方法

　　System 类的 getProperties()方法用于获取当前系统的全部属性，该方法会返回一个 Properties 对象，其中封装了系统的所有属性。这些属性是以键值对形式存在的。

　　示例 6-6 所示为 System 类中常用方法的使用。

【示例 6-6】System 类中常用方法的使用。

```java
package com.sjzlg.system;
import java.util.Enumeration;
import java.util.Properties;
```

```java
public class SystemInformation{
    public static void main(String[]args){
        //获取当前系统属性
        Properties properties=System.getProperties();
        //获得所有系统属性的键，返回 Enumeration 对象
        Enumeration propertyNames=properties.propertyNames();
        while(propertyNames.hasMoreElements()){
            //获取系统属性的键
            String key= (String)propertyNames.nextElement();
            //获得当前键对应的值
            String value=System.getProperty(key);
            System.out.println(key+"--->"+value);
        }
    }
}
```

运行结果如图 6-6 所示。

```
<terminated> SystemInformation [Java Application] D:\java\jdk1.8\bin\javaw.exe (2021-1-3 下午05:15:50)
java.version--->1.6.0_45
java.ext.dirs--->D:\java\jdk1.8\jre\lib\ext;C:\WINDOWS\Sun\Java\lib\ext
sun.boot.class.path--->D:\java\jdk1.8\jre\lib\resources.jar;D:\java\jdk1.8\jre\lib\rt.jar;D:\java\jdk1.8\jre\lib\sunrsasign.jar;
java.vendor--->Sun Microsystems Inc.
file.separator--->\
java.vendor.url.bug--->http://****.***.com/cgi-bin/bugreport.cgi
sun.cpu.endian--->little
sun.io.unicode.encoding--->UnicodeLittle
sun.desktop--->windows
sun.cpu.isalist--->pentium_pro+mmx pentium_pro pentium+mmx pentium i486 i386 i86
```

图 6-6 运行结果

currentTimeMillis() 方法用于返回一个 long 型的值，该值表示当前时间与 GMT（格林尼治标准时，1970 年 1 月 1 日 0 点 0 分 0 秒）的时间差，单位是毫秒，通常也将该值称作时间戳。其具体使用方法参见示例 6-7。

【示例 6-7】使用时间戳获取程序运行时间。

```java
package com.sjzlg.system;
public class SystemTime{
    public static void main(String[]args){
        long startTime=System.currentTimeMillis();//循环开始时的当前时间
        int sum=0;
        for(int i=0;i<100000000;i++){
            sum+=i;
        }
        long endTime=System.currentTimeMillis();//循环结束时的当前时间
        System.out.println("程序运行的时间为："+(endTime-startTime)+"毫秒");
    }
}
```

运行结果如图 6-7 所示。

```
<terminated> SystemTime [Java Application] D:\java\jdk1.8\bin\javaw.exe (2021-1-3 下午05:16:33)
程序运行的时间为：35毫秒
```

图 6-7 运行结果

6.2.2　Runtime 类的常用方法

Runtime 类用于表示 JVM 运行时的状态，它用于封装 JVM 进程。每次使用 Java 命令启动 JVM 都会对应一个 Runtime 实例，并且只有一个实例，因此该类采用单例模式进行设计，对象不可以直接实例化。我们可以通过 getRuntime()方法获取实例，并使用下列方法获取信息。

（1）availableProcessors()：获取处理器个数。
（2）freeMemory()：获取空闲内存大小。
（3）maxMemory()：获取最大可用内存大小。

具体使用参见示例 6-8。

【示例 6-8】Runtime 类方法的使用。

```java
package com.sjzlg.system;
public class SystemRuntime{
    public static void main(String[]args){
        Runtime rt=Runtime.getRuntime(); //获取
        System.out.println("处理器的个数: "+rt.availableProcessors());
        System.out.println("空闲内存大小: "+rt.freeMemory()/1024/1024+"MB");
        System.out.println("最大可用内存大小: "+rt.maxMemory()/1024/1024+"MB");}
}
```

运行结果如图 6-8 所示。

```
<terminated> SystemRuntime [Java Application] D:\java\jdk1.8\bin\javaw.exe (2021-1-3 下午05:17:28)
处理器的个数: 8
空闲内存大小: 15MB
最大可用内存大小: 247MB
```

图 6-8　运行结果

6.3　Math 类和 Random 类

Math 类是数学操作类，提供了一系列用于数学运算的静态方法，包括求绝对值、求三角函数等。Math 类中有 PI 和 E 两个静态常量，分别代表数学常量 π 和 e。

Math 类比较简单，初学者可以通过查看 API 文档来学习 Math 类的具体用法，参见示例 6-9。

【示例 6-9】Math 类的使用。

```java
package com.sjzlg.Math;
public class MathMethod{
    public static void main(String[]args){
        System.out.println("计算绝对值的结果: "+Math.abs(-20));
        System.out.println("求大于参数的最小整数: "+Math.ceil(2.2));
        System.out.println("求小于参数的最大整数: "+Math.floor(-2.2));
        System.out.println("求两个数的较大值: "+Math.max(5,15));
        System.out.println("求两个数的较小值: "+Math.min(5,15));
    }
}
```

运行结果如图 6-9 所示。

```
<terminated> MathMethod [Java Application] D:\java\jdk1.8\bin\javaw.exe (2021-1-3 下午05:19:15)
计算绝对值的结果：20
求大于参数的最小整数：3.0
求小于参数的最大整数：-3.0
求两个数的较大值：15
求两个数的较小值：5
```

图 6-9　运行结果

在 JDK 的 java.util 包中有 Random 类，它可以在指定的取值范围内随机产生数字。Random 类中提供了两个构造方法，具体如表 6-4 所示。

表 6–4　Random 类提供的构造方法

构造方法	功能描述
Random()	用于创建一个伪随机数生成器
Random(long seed)	使用一个 long 型的 seed 种子创建伪随机数生成器

表 6-4 中列举了 Random 类的两个构造方法，其具体使用方法如示例 6-10 所示。

【示例 6-10】Random 类的使用。

```java
package com.sjzlg.math;
import java.util.Random;
public class MathRandom{
    public static void main(String[]args){
        Random r=new Random();
        System.out.println(r.nextInt(10));
    }
}
```

运行结果如图 6-10 所示。

```
<terminated> MathRandom [Java Application] D:\java\jdk1.8\bin\javaw.exe (2021-1-3 下午05:20:21)
9
```

图 6-10　运行结果

6.4　处理日期、时间的类

Java 提供了一系列用于处理日期、时间的类，用于创建日期、获取系统当前日期等操作。

6.4.1　Date 类

Java 提供了 Date 类来处理日期、时间，目前 Date 类的大部分方法已经过时，不再推荐使用，我们接下来介绍 Date 类中还在使用的构造方法（见表 6-5）。

表 6-5 Date 类中还在使用的构造方法

构造方法	功能描述
Date()	生成一个代表当前日期、时间的 Date 对象
Date(long date)	根据指定的 long 型整数来生成一个 Date 对象
after(Date date)	测试该日期是否在指定日期 date 之后
before(Date date)	测试该日期是否在指定日期 date 之前
compareTo(Date date)	比较两个日期的大小,若后面的日期在前面的日期之后则返回-1
equals(Object obj)	当两个时间表示同一时刻时返回 true
getTime()	返回该时间对应的 long 型整数
setTime(long time)	设置时间

小提示　　Date(long date)构造方法的参数表示创建的 Date 对象和 GMT 的时间差,以毫秒为计时单位。

Date 类的使用参见示例 6-11。

【示例 6-11】Date 类的使用。

```java
package com.sjzlg.date;
import java.util.Date;
public class CheckDate{
    public static void main(String[]args){
        Date d1=new Date();
        Date d2=new Date(System.currentTimeMillis());
        System.out.println(d2);
        System.out.println(d1.compareTo(d2));
        System.out.println(d1.before(d2));
    }
}
```

运行结果如图 6-11 所示。

```
<terminated> CheckDate (1) [Java Application] D:\java\jdk1.8\bin\javaw.exe (2021-1-3 下午05:25:39)
Sun Jan 03 17:25:40 CST 2021
0
false
```

图 6-11　运行结果

6.4.2　Calendar 类

Java 提供了 Calendar 类来更好地处理日期和时间。Calendar 类是一个抽象类,所以不能使用构造方法来创建 Calendar 对象,但它提供了 GetInstance()方法来获取 Calendar 对象。

Calendar 类提供了大量访问、修改日期和时间的方法,常用的方法如表 6-6 所示。

表 6-6 Calendar 类中常用的方法

方法	功能描述
Add(int f,int a)	根据日历的规则,为给定的日历字段添加或减去指定的时间量
Get(int f)	返回指定的日历字段值
getActualMaximum(int f)	返回指定日历字段可能拥有的最大值
Roll(int f,int a)	为给定的日历字段添加或减去指定的时间量
Set(int f,int v)	将给定的日历字段设置为给定值
Set(int y,int m,int d)	设置 Calendar 对象的年、月、日 3 个字段的值
Set(int y,int m,int d,int h,int m,int s)	设置 Calendar 对象的年、月、日、时、分、秒 6 个字段的值

Calendar 类的使用参见示例 6-12。

【示例 6-12】Calendar 类的使用。

```
package com.sjzlg.calendar;
import java.util.Calendar;
public class CheckCalendar{
  public static void main(String[]args){
    Calendar c=Calendar.getInstance();
    System.out.println(c.get(1));
    System.out.println(c.get(2));
    System.out.println(c.get(3));
    c.add(1,-1);
    System.out.println(c.getTime());
  }
}
```

运行结果如图 6-12 所示。

```
<terminated> CheckCalendar (1) [Java Application] D:\java\jdk1.8\bin\javaw.exe (2021-1-3 下午05:26:55)
2021
0
2
Fri Jan 03 17:26:55 CST 2020
```

图 6-12　运行结果

6.5　包装类

为了解决 Java 中一些类的方法需要接收引用数据类型的对象这样的问题，JDK 中提供了一系列包装类，通过这些包装类可以将基本数据类型的值包装为引用数据类型的对象。在 Java 中，每种基本数据类型都有对应的包装类，具体如表 6-7 所示。

表 6–7　基本数据类型对应的包装类

基本数据类型	对应的包装类
byte	Byte
char	Character
int	Integer
short	Short
long	Long
float	Float
double	Double
boolean	Boolean

表 6-7 中列举了 8 种基本数据类型及其对应的包装类。其中，除了 Integer 类和 Character 类，其他包装类的名称和基本数据类型的名称一致，只是类名的第一个字母需要大写。

包装类和基本数据类型在进行转换时，引入了"装箱"和"拆箱"的概念，其中装箱是指将基本数据类型的值转换为引用数据类型，拆箱是指将引用数据类型的对象转换为基本数据类型。下面来看示例 6-13 所示的例子。

【示例 6-13】使用 Integer 包装类转换 int 型。

```
package com.sjzlg.packing;
public class Packing{
    public static void main(String[]args){
```

```
        Integer num=new Integer(20);
        int a=10;
        int sum=num.intValue()+a;
        System.out.println("sum="+sum);
    }
}
```

运行结果如图 6-13 所示。

```
<terminated> Packing [Java Application] D:\java\jdk1.8\bin\javaw.exe (2021-1-3 下午05:27:54)
sum=30
```

图 6-13　运行结果

Integer 类中常用的方法如表 6-8 所示，大家只需要熟悉即可。接下来我们再看一个例子，参见示例 6-14。

表 6–8　Integer 类中常用的方法

方法	功能描述
toBinaryString(int i)	以二进制无符号 int 型形式返回一个 int 型参数的字符串
toHexString(int i)	以十六进制无符号 int 型形式返回一个 int 型参数的字符串
toOctalString(int i)	返回一个表示无符号 int 型参数的字符串
valueOf(int i)	返回保存指定的 int 型的值的 Integer 实例
valueOf(String s)	返回保存指定的 String 型的值的 Integer 实例
parseInt(String s)	将 String 型参数作为有符号的十进制整数进行解析

【示例 6-14】Integer 类中 parseInt(String s)方法的使用。

```
package com.sjzlg.packing;
public class IntegerTest{
    public static void main(String[]args){
        int w=Integer.parseInt("10");
        int h=Integer.parseInt("10");
        for(int i=0;i<h;i++){
            StringBuffer sb=new StringBuffer();
            for(int j=0;j<w;j++){
                sb.append("*");
            }
            System.out.println(sb.toString());
        }
    }
}
```

运行结果如图 6-14 所示。

```
<terminated> IntegerTest [Java Application] D:\java\jdk1.8\bin\javaw.exe (2021-1-3 下午05:28:45)
**********
**********
**********
**********
**********
**********
**********
**********
**********
**********
```

图 6-14　运行结果

本章小结

本章主要介绍了 Java 中常用类的使用。本章首先介绍了 String 类、StringBuffer 类和 StringBuilder 类的创建及相关方法的使用，然后介绍了 System 类和 Runtime 类中常用方法的使用、Math 类和 Random 类的使用，以及日期相关类的使用，最后介绍了 Java 中包装类的相关知识。这部分内容需要读者了解并熟悉相关方法，在使用的过程中读者也可以通过查看 API 文档来查找这些类的用法。

练习题

选择题

1. 定义字符串 s：String s="Microsoft 公司"。执行语句"char c=s.charAt(9);"后 c 的值为（　　）。
   A. null
   B. 司
   C. 产生数组索引越界异常
   D. 公

2. 下面的程序段执行后，变量a、b、c的值分别是（　　）。
```
int a,b,c;
a=(int)Math.round(-4.51);
b=(int)Math.ceil(-4.51);
c=(int)Math.floor(-4.1);
```
   A. -5、-4、-5　　B. -4、-4、-5　　C. -5、-5、-5　　D. -4、-4、-4

3. 以下语句输出的结果是（　　）。
```
System.out.println(Math.floor(-0.8));
```
   A. 0　　B. -1　　C. -0.8　　D. 0.8

4. 下列关于类、包和源文件的描述中，不正确的一项是（　　）。
   A. 一个包可以包含多个类
   B. 一个源文件中可能有一个公共类
   C. 属于同一个包的类在默认情况下可以相互访问
   D. 系统不会为源文件创建默认的包

上机实战

实战 6-1　记录一个子串在整串中出现的次数

? 需求说明

编写一个程序，记录一个子串（子字符串）在整串（整字符串）中出现的次数，例如记录子串"nba"在整串"nbaernbatnbaynbauinbaopnba"中出现的次数，通过观察可知子串"nba"在其中出现的次数为 6。要求使用 String 类的常用方法来计算子串出现的次数。

实现思路

（1）分析任务可知，完成此任务需要先定义两个字符串，一个表示子串，另一个表示整串。

（2）要查找子串在整串中出现的次数，可以先使用 String 类的 contains()方法，判断整串中是否包含子串，如果不包含，那么不用计算，子串在整串中出现的次数一定为 0。

（3）如果整串中包含子串，那么具体计算出现的次数。使用 String 类的 indexOf()方法可以获取子串在整串中第一次出现的索引。获取索引之后，再在整串中该索引加上子串长度的位置处继续查找子串。以此类推，通过循环完成查找，通过 indexOf()方法的返回值是否为-1 来判断是否查找到结尾。

（4）定义一个计数器，记录子串出现的次数。

参考解决方案可以在配套资源中获取或扫描二维码查看。

实战 6-1 参考解决方案

第 7 章　集合框架和泛型

本章目标
- 熟悉集合框架体系。
- 会使用 Collection 接口。
- 熟悉 List 接口、Set 接口的区别及常用实现类的使用方法。
- 会使用 Map 接口的常用实现类。
- 会使用 Iterator 接口。
- 掌握泛型集合的使用方法。

7.1　认识集合框架体系

使用数组既可以存储基本数据类型，也可以存储引用数据类型。但是使用数组存储数据有一定的局限性，即数组一旦声明则长度固定，而且在插入和删除数据时需要对数据的位置进行移动，所以效率较低。在实际的开发中，我们往往不知道具体有多少数据需要存储，所以在编写程序时就不知道应该"开辟"多少空间，开辟小了不够使用，开辟大了则造成空间的浪费。为了在程序中存储这些数目不确定的对象，JDK 中提供了一系列特殊的类。这些类可以存储任意类型的对象，并且长度可变，在 Java 中，这些类被统称为集合或者容器。集合位于 java.uil 包中，在使用时一定要注意导入包的问题，否则会出现异常。

集合按照其存储结构的不同可以分为两大类，即单列集合（Collection）和双列集合（Map）。这两类集合的特点具体如下。

① Collection：单列集合的根接口，用于存储一系列符合某种规则的元素，它有两个重要的子接口，分别是 List 和 Set。其中，List 接口的特点是元素有序且可重复。Set 接口的特点是元素无序，而且不可重复。List 接口的主要实现类有 ArrayList、Vector 和 LinkedList，Set 接口的主要实现类有 HashSet 和 TreeSet。

② Map：双列集合的根接口，用于存储具有键（Key）、值（Value）映射关系的元素，每个元素都包含一个键值对，在使用 Map 集合时可以通过指定的键找到对应的值，例如根据一个学生的学号就可以找到对应的学生。Map 接口的主要实现类有 HashMap、HashTable 和 TreeMap。

从上面的描述可以看出，JDK 提供了丰富的集合，以便于初学者进行系统的学习。接下来通过一幅图来描述整个集合框架体系，如图 7-1 所示。本章主要讲解 ArrayList、LinkedList、HashSet、HashMap 等常用的几种集合类型。

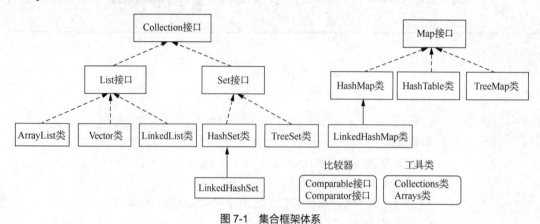

图 7-1 集合框架体系

7.2 Collection 接口

Collection 是所有单列集合的父接口，因此在 Collection 中定义了单列集合通用的一些方法。这些方法可用于操作所有的单列集合。表 7-1 所列举的方法都来自 Java API 文档，初学者可以通过查询 API 文档来学习这些方法的具体用法。此处列出这些方法，只是为了方便后面的学习。

表 7-1 Collection 接口常用的方法

方法	功能描述
boolean add(E e)	向集合中添加一个对象
boolean addAll(Collection<extends E> c)	将一个集合的元素一次性添加到另一个集合中
boolean isEmpty( )	判断集合是否为空，即判断集合的长度是否为 0
boolean contains(Object o)	判断指定对象在集合中是否存在
boolean equals(Object o)	比较集合中的元素是否完全相同
boolean remove(Object o)	一次删除一个对象
void clear( )	一次性删除集合中的全部对象
boolean removeAll(Collection<?> c)	将两个集合中相同的对象删除
boolean retainAll(Collection<?> c)	将两个集合中不相同的对象删除
Iterator<E>iterator( )	返回在此集合的元素上进行迭代的迭代器
int size( )	返回集合中元素的个数

小提示

在项目开发的过程中，Collection 的子接口中，以 List 接口使用得最多，所以在选择时优先考虑 List 接口。Set 接口使用起来会有若干限制，所以只在需要的时候使用，在后面的讲解过程中我们会对此进行说明。

7.3 List 接口

List 接口继承自 Collection 接口，是单列集合的一个重要分支，一般将实现了 List 接口的对象称为 List 集合。在 List 集合中允许出现重复的元素，所有的元素是以线性方式存储的，在程序中可以通过索引来访问集合中的指定元素。另外，List 集合还有一个特点就是元素有序，即元素的存入顺序和取出顺序一致。List 作为 Collection 接口的子接口，不但继承了 Collection 接口中的全部方法，还增加了一些根据元素索引来操作集合的特有方法，如表 7-2 所示。

表 7–2 List 常用的方法

方法	功能描述
void add(int index,E element)	在指定位置上添加一个元素
boolean addAll(int index, Collection<?extends E> c)	在指定位置上添加一批元素
E remove(int index)	先将集合中指定位置上的元素取出，再将该元素删除
E set(int index,E element)	用指定元素替换集合中指定位置上的元素
List<E>subList(int fromIndex,int toIndex)	截取子集合，含头不含尾
E get(int index)	获取指定位置上的元素，但不删除
ListIterator<E> listIterator( )	返回此列表元素的列表迭代器

List 接口的常用实现类有 ArrayList、LinkedList，下面分别进行介绍。

7.3.1 ArrayList 集合

ArrayList 类位于 java.util 包中，继承自 AbstractList 类，实现了 List 接口。其底层所采用的数据结构是数组，允许添加重复的元素，并且添加的元素是有序的，需按照添加顺序进行存储。ArrayList 集合中大部分方法都是从父类 Collection 和 List 继承过来的。

使用 ArrayList 中的常用方法动态操作数据，实现步骤如下。

（1）导入 ArrayList 类。

（2）创建 ArrayList 集合，并添加数据。

（3）判断集合中是否包含某元素。

（4）移除索引为 0 的元素。

（5）把索引为 1 的元素替换为其他元素。

（6）输出某个元素所在的索引位置。

（7）清空 ArrayList 集合中的数据。

（8）判断 ArrayList 集合中是否包含数据。

下面我们通过示例 7-1 认识一下 ArrayList 类。

【示例 7-1】对 ArrayList 集合进行添加和删除元素、遍历集合等操作。

关键代码如下：

```
package com.sjzlg.container.list;
import java.util.ArrayList;
public class arrayList{
    public static void main(String[]args){
        ArrayList li=new ArrayList();
        li.add("小王");
        li.add("小李");
        li.add("小张");
        //判断集合中是否包含小高
        System.out.println(li.contains("小高"));//输出 false
        //把索引为 0 的数据移除
```

```
            li.remove(0);
            System.out.println("---------------------");
            li.set(1,"小杨");
            for(int i=0;i<li.size();i++){
                String name=(String)li.get(i);
                System.out.println(name);
            }
            System.out.println("---------------------");
            System.out.println(li.indexOf("小张"));
            li.clear();  //清空集合中的数据
            System.out.println("---------------------");
            for(Object obj:li){
                String name=(String)obj;
                System.out.println(name);
            }
            System.out.println(li.isEmpty());
        }
    }
```

示例 7-1 中的方法可查阅表 7-2，运行结果如图 7-2 所示。

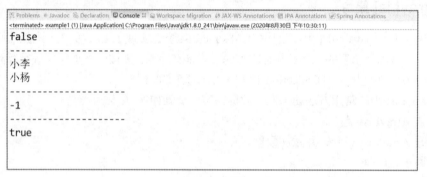

图 7-2　运行结果

因为 ArrayList 集合可以使用索引来直接获取元素，所以其优点是遍历元素和随机访问元素的效率比较高。但是由于 ArrayList 集合采用了和数组相同的存储方式，即在内存中分配连续的空间，因此在添加和删除非尾部元素时会导致后面所有元素的移动。这就造成在插入、删除等操作频繁的应用场景下使用 ArrayList 集合会降低性能。所以数据操作频繁时，最好使用 LinkedList 集合存储数据。

小提示

数组（Array）与数组列表（ArrayList）有什么区别？什么时候应该使用数组而不使用数组列表？

数组中保存的内容是固定的，而数组列表中保存的内容是可变的。在很多时候，在数组列表中进行数据保存与取得时需要一系列的判断，而在数组中只需要操作索引即可。在已经确定好长度的前提下完全可以使用数组来替代数组列表，但是如果保存数据的内容长度是不固定的就需使用数组列表。

7.3.2　LinkedList 集合

ArrayList 集合在查询元素时速度很快，但在增删元素时效率较低。为了解决这个问题，可以使用 LinkedList 集合。该集合内部维护了一个双向循环链表，链表中的每一个元素都使用引用的方式来记住它的前一个元素和后一个元素，从而可以将所有的元素连接起来。当插入一个新元素时，只需要修改元素之间的这种引用关系即可,删除一个元素也是如此。正因为是这样的存储结构,所以使用 LinkedList 集合进行元素的增删操作效率很高。LinkedList 集合添加元素和删除元素的过程如图 7-3 所示。

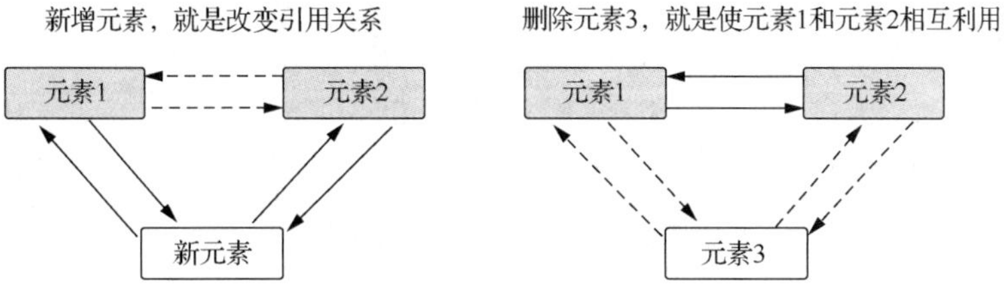

图 7-3　LinkedList 集合添加元素和删除元素的过程

图 7-3 左侧所示为添加元素的过程,元素 1 和元素 2 在集合中为前后关系,在它们之间添加一个元素时,只需要让元素 1 记住它后面的元素是新元素,让元素 2 记住它前面的元素为新元素就可以了。图 7-3 右侧所示为删除元素的过程,要想删除元素 1 与元素 2 之间的元素 3,只需要让元素 1 与元素 2 变成前后关系就可以了。由此可见,LinkedList 集合具有增删元素效率高的特点。LinkedList 集合的几个特殊方法如表 7-3 所示。

表 7-3　LinkedList 集合的几个特殊方法

方法	功能描述
void addFirst(E e)	在列表的开头插入指定元素
void addLast(E e)	将指定元素添加到列表的末尾
boolean offerFirst(E e)	在列表的开头插入指定元素,该方法从 JDK 1.6 开始成为 Deque 接口中的方法
boolean offerLast(E e)	将指定元素添加到列表的末尾,作用与 add(E e)方法的功能相同,该方法从 JDK 1.6 开始成为 Deque 接口中的方法
E removeFirst()	先获取列表中的第一个元素,再将该元素从列表中删除
E removeLast()	先获取列表中的最后一个元素,再将该元素从列表中删除
E pollFirst()	先获取列表中的第一个元素,再将该元素从列表中删除,该方法从 JDK 1.6 开始成为 Deque 接口中的方法
E pollLast()	先获取列表中的最后一个元素,再将该元素从列表中删除,该方法从 JDK 1.6 开始成为 Deque 接口中的方法
E getFirst()	获取列表中的第一个元素,但不删除
E getLast()	获取列表中的最后一个元素,但不删除
E peekFirst()	获取列表中的第一个元素,但不删除,该方法从 JDK 1.6 开始
E peekLast()	获取列表中的最后一个元素,但不删除,该方法从 JDK 1.6 开始

下面我们通过示例 7-2 熟悉一下 LinkedList 集合的用法。

【示例 7-2】对 LinkedList 集合进行添加和删除元素、遍历集合等操作。

```
package com.sjzlg.container.list;
import java.util.LinkedList;
public class linkedList{
    public static void main(String[]args){
        LinkedList link=new LinkedList(); // 创建 LinkedList 集合
        link.add("小王");
        link.add("小李");
        link.add("小张");
        link.add("小杨");
```

```
            System.out.println(link.toString()); // 获取并输出该集合中的元素
            link.add(3, "小高"); // 向该集合中指定位置插入元素
            link.addFirst("第一"); // 向该集合第一个位置插入元素
            System.out.println(link);
            System.out.println(link.getFirst()); // 获取该集合中第一个元素
            link.remove(3); // 移除该集合中指定位置的元素
            link.removeFirst(); // 移除该集合中第一个元素
            System.out.println(link);
    }
}
```

运行结果如图 7-4 所示。

```
[小王, 小李, 小张, 小杨]
[第一, 小王, 小李, 小张, 小高, 小杨]
第一
[小王, 小李, 小高, 小杨]
```

图 7-4　运行结果

小提示

实际上在使用 List 接口时大部分情况下都是利用子类为父接口实例化。ArrayList 集合和 LinkedList 集合的区别在于：ArrayList 集合中采用顺序式的结果进行数据的保存，并且可以自动生成相应的索引信息；LinkedList 集合保存的是前后元素，也就是说它的每一个节点中保存的是两个元素对象，一个是对应的下一个节点，另一个是对应的上一个节点，所以 LinkedList 集合要占用比 ArrayList 集合更多的内存空间，同时 LinkedList 集合比 ArrayList 集合多实现了一个队列数据接口 Queue。

7.4　Iterator

每种集合都有判断元素是否存在，并获取元素的方法。既然每种集合都有这样的方法，而且每种集合的底层数据结构也不相同，判断和获取元素的方式也不相同，就可以将判断和获取元素的方法提取出来并封装到一个接口中，这个接口的名称叫 Iterator（迭代器）。Iterator 主要用于迭代访问（遍历）Collection 中的元素，因此 Iterator 对象也被称为迭代。所谓 Iterator 就好比排队点名一样，从前向后开始，一边判断是否有人，一边进行操作。

在 Iterator 接口中定义了两个抽象方法，如表 7-4 所示。

表 7-4　Iterator 接口中定义的方法

方法	功能描述
public Boolean　hasNext()	判断是否还有内容
public E next()	获取当前内容

下面通过示例 7-3 来认识 Iterator。

【示例 7-3】使用 Iterator 遍历 ArrayList。

```
package com.sjzlg.container.list;
import java.util.ArrayList;
```

```
import java.util.Iterator;
public class iterator{{
    public static void main(String[]args){
        ArrayList list=new ArrayList(); // 创建 ArrayList 集合
        list.add("hello"); // 向该集合中添加字符串
        list.add("boys");
        list.add("and");
        list.add("girls");
        Iterator it=list.iterator(); // 获取 Iterator 对象
        while(it.hasNext()){ // 判断 ArrayList 集合中是否存在下一个元素
            Object obj=it.next(); // 获取 ArrayList 集合中的元素
            System.out.println(obj);
        }
    }
}
```

运行结果如图 7-5 所示。

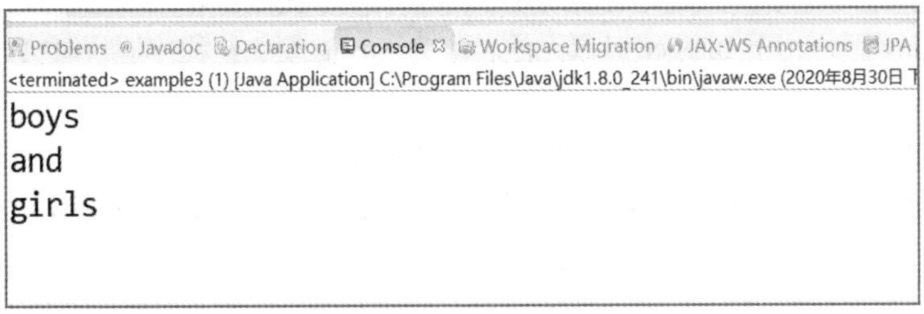

图 7-5 运行结果

Iterator 对象在遍历集合时，内部采用指针的方式来跟踪集合中的元素。调用 Iterator 的 next()方法之前，Iterator 的索引位于第一个元素之前，不指向任何元素。第一次调用 Iterator 的 next()方法后，Iterator 的索引会向后移动一位，指向第一个元素并将该元素返回。再次调用 next()方法时，Iterator 的索引会指向第二个元素并将该元素返回。依此类推，直到 hasNext()方法返回 false，表示到达了集合的末尾，终止对元素的遍历。

小提示
我们曾经用过的 java.util.Scanner 中的 Scanner 类实际上就是 Iterator 接口的子接口，所以在使用 Scanner 时才要求先利用 hasNextXxx()判断是否有数据，再利用 nextXxx()取得数据。

7.5 泛型

通过之前的学习，读者了解到集合可以存储任何类型的对象，但是当把一个对象存入集合后，集合会"忘记"这个对象的类型，从集合中获取该对象时，这个对象的编译类型就变成了 Object 类型。换句话说，如果在程序中无法确定集合中的元素到底是什么类型的，那么在获取元素时进行强制类型转换就很容易出错。我们通过示例 7-4 来看一下这种情况。

【示例 7-4】向 ArrayList 集合中添加不同类型的值。
```
package com.sjzlg.container.list;
import java.util.ArrayList;
public class generic{
    public static void main(String[]args){
```

```
            ArrayList list=new ArrayList(); // 创建ArrayList集合
            list.add("hello"); // 添加字符串对象
            list.add("word");
            list.add(1); // 添加Integer对象
            for(Object obj:list){ // 遍历集合
                String str= (String)obj; // 强制转换成String型
            }
        }
    }
```

运行结果如图 7-6 所示。

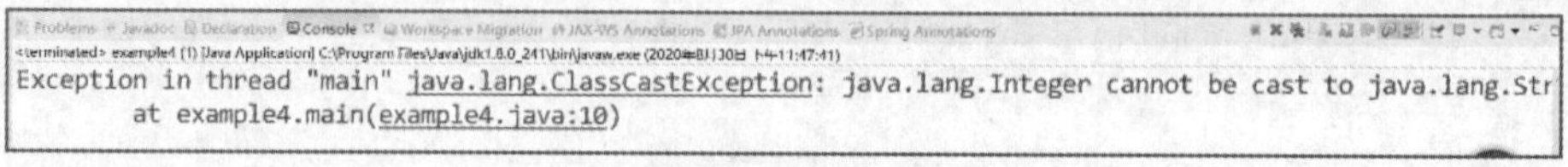

图 7-6 运行结果

我们向集合中添加了 3 个元素,包括两个字符串和一个整数。在获取这些元素的时候,都将它们强制转化成 String 型,由于 Integer 对象无法转化为 String 型,在程序运行时会产生图 7-6 所示的错误。

泛型可以限定方法操作的数据类型,在定义集合类时,使用<参数化类型>的方式指定该类中方法操作的数据类型。接下来,对示例 7-4 中的第 5 行代码进行修改,限定 ArrayList 集合只能存储 String 型元素,改写后的程序在 Eclipse 中编译时会出现图 7-7 所示的错误提示。

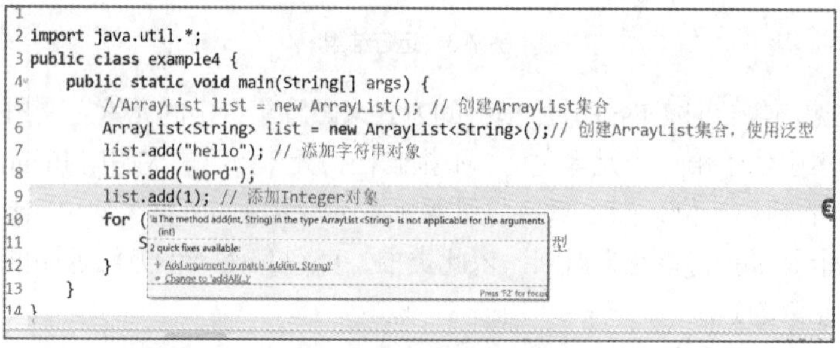

图 7-7 泛型限定存储类型

图 7-7 中程序编译报错的原因是修改后的代码限定了集合存储的元素的数据类型,这时集合只能存储 String 型元素。这样我们在编译时就能解决程序的错误,避免程序在运行时出错。

7.6 Set 接口

7.6.1 Set 接口简介

Set 接口和 List 接口一样,继承自 Collection 接口。它包含的方法与 Collection 接口中的方法基本一致,并没有对 Collection 接口进行功能上的扩充,只是比 Collection 接口更加严格了。与 List 接口不同的是,Set 接口中元素无序,并且会以某种规则保证存入的元素不重复。

Set 接口主要有两个实现类,分别是 HashSet 和 TreeSet。其中,HashSet 类根据对象的散列值来确定元素在集合中的存储位置,因此具有良好的存取和查找性能。TreeSet 类则以二叉树的方式来存储元素,它可以对集合中的元素进行排序。接下来将对 HashSet 集合进行详细的讲解。

小提示: HashSet 类是散列存放数据, 而 TreeSet 类是有序存放的集合。在实际的开发中, 如果要使用 TreeSet 类则必须同时使用比较器, 而 HashSet 类相对 TreeSet 类使用起来相对容易一些, 所以如果没有排序要求应优先考虑使用 HashSet 类。

7.6.2 HashSet 集合

HashSet 集合所存储的元素是不可重复的, 并且元素都是无序的。Set 集合与 List 集合存取元素的方式都一样, 在此不再进行详细的讲解。下面通过示例 7-5 介绍 HashSet 集合的应用。

【示例 7-5】HashSet 集合的应用。

```java
package com.sjzlg.container.set;
import java.util.HashSet;
import java.util.Iterator;
import java.util.Set;
public class hashSet{
    public static void main(String[]args){
        Set<String>set=new HashSet<>();
        /**向集合中添加元素*/
        set.add("Mary");
        set.add("Rose");
        set.add("Jack");
        set.add("Java");
        System.out.println("集合的长度:"+set.size());
        /**删除 remove(Object o) clear()*/
        set.remove("java");
        //set.clear(); 将集合中的元素全部删除
        System.out.println("集合是否为空:"+set.isEmpty());
        /**遍历集合中的元素,加强for和iterator*/
        System.out.println("加强for");
        for(String string:set){
            System.out.print(string+"\t");
        }
        System.out.println("\n\niterator方法");
        Iterator<String>it=set.iterator();
        while(it.hasNext()){
            System.out.print(it.next()+"\t");
        }
    }
}
```

运行结果如图 7-8 所示。

```
集合的长度:3
集合是否为空:false
加强for
Rose    Jack    Mary

iterator方法
Rose    Jack    Mary
```

图 7-8 运行结果

通过图 7-8 可知，集合的长度为 3，可以得知在 set.add("Jack")添加元素时没有添加成功，也就证明 HashSet 集合存储的元素是唯一的。那么 HashSet 集合存储的元素为什么是无序且唯一的呢？HashSet 集合之所以能确保不出现重复的元素，是因为它在存入元素时做了很多工作。当调用 HashSet 集合的 add()方法存入元素时，首先调用当前存入对象的 hashCode()方法获得对象的散列值，然后根据对象的散列值计算出一个存储位置。如果该位置上没有元素，则直接将元素存入，如果该位置上有元素存在，则会调用 equals()方法让当前存入的元素依次和该位置上的元素进行比较，如果返回的结果为 false 就将该元素存入集合，否则说明有重复元素。

通过分析不难看出，当向集合中存入元素时，为了保证 HashSet 集合正常工作，要求在存入对象时，重写 Object 的 hashCode()和 equals()方法。在示例 7-5 中，String 类已经重写了这两个方法。现在看一下，存入自定义的类对象会怎样呢？参见示例 7-6。

【**示例 7-6**】向 HashSet 集合中存储自定义 person 类的值。

```java
package com.sjzlg.container.set;
public class person{
String id;
    String name;
    public person(String id,String name){
        this.id=id;
        this.name=name;
    }
    public String toString(){
        return id+":"+name;
    }
}
/**
*HashSet 集合的用法
*/
package com.sjzlg.container.set;
import java.util.HashSet;
public class personSet{
    public static void main(String[]args){
        HashSet hs=new HashSet();
        person per1=new person("1", "Kathy");
        person per2=new person("2", "Jack");
        person per3=new person("2", "Jack");
        hs.add(per1);
        hs.add(per2);
        hs.add(per3);
        System.out.println(hs);
    }
}
```

运行结果如图 7-9 所示。

```
[2:Jack, 1:Kathy, 2:Jack]
```

图 7-9　运行结果

从示例 7-6 可以看出，向 HashSet 集合中存入了 3 个 person 对象，并将这 3 个对象迭代输出。图 7-9 所示的运行结果中出现了两个相同的元素"2:Jack"。这样的元素应该被视为重复元素，不允许同时出现在 HashSet 集合中。之所以没有去掉这样的重复元素，是因为在定义 person 类时没有重写 hashCode()和 equals()方法。下面我们改写一下 person 类。我们认为 id 相同就是同一个人，改写后代码如示例 7-7 所示。

【示例 7-7】重写 hashCode()和 equals()方法后，向 HashSet 集合中存储自定义 person 类的值。

```java
package com.sjzlg.container.set;
public class person2{
    private String id;
    private String name;
    public person2(String id,String name){
        this.id=id;
        this.name=name;
    }
    // 重写 toString()方法
    public String toString(){
        return id+ ":" +name;
    }
    // 重写 hashCode()方法
    public int hashCode(){
        return id.hashCode();  // 返回 id 属性的散列值
    }
    // 重写 equals()方法
    public boolean equals(Object obj){
        if(this==obj){ // 判断是否为同一个对象
            return true;  // 如果是，直接返回 true
        }
        if(!(obj instanceof person2)){
            return false; // 如果对象不属于 person2 类，返回 false
        }
        person2 per= (person2)obj;    // 将对象强制转换为 person2 类的值
        boolean bl=this.id.equals(per.id);  // 判断 id 值是否相同
        return   bl;  // 返回判断结果
    }
}
package com.sjzlg.container.set;
import java.util.HashSet;
public class person2Set{
    public static void main(String[]args){
        HashSet hs=new HashSet();
        person2 per1=new person2("1", "Jack");
        person2 per2=new person2("2", "Sunny");
        person2 per3=new person2("2", "Sunny");
        hs.add(per1); // 向集合存入对象
        hs.add(per2);
        hs.add(per3);
        System.out.println(hs);    // 输出集合中的元素
    }
}
```

运行结果如图 7-10 所示。

```
[1:Jack, 2:Sunny]
```

图 7-10　运行结果

7.7　Map 接口

7.7.1　Map 接口简介

在现实生活中，每个人都有唯一的身份证号，通过身份证号可以查询到个人的信息，这两者是一对一的关系。在应用程序中，如果想存储这种具有对应关系的数据，则需要使用 JDK 中提供的 Map 接口。

Map 集合是一种双列集合，它的每个元素都包含一个键对象和一个值对象。键对象和值对象之间存在一种对应关系，即映射。其中键无序而且唯一，值无序不唯一。从 Map 接口中访问元素时，只要指定了键，就能找到对应的值。例如，一个身份证号就对应一个人，其中身份证号就是键，与此身份证号对应的人就是值。

为了便于 Map 接口的学习，首先来了解一下 Map 接口中定义的一些常用方法，如表 7-5 所示。

表 7–5　Map 接口中定义的一些常用方法

方法	功能描述
V put(K key,V value)	向集合中添加一组键与值对象
void clear( )	清除集合中全部元素对象
V remove(Object key)	先根据指定的键将值获取，再从集合中根据键将一组键与值对象从集合中删除
boolean isEmpty( )	判断集合对象是否为空，如果为空返回 true
boolean containsKey(Object key)	判断指定的键是否存在
boolean containsValue(Object value)	判断指定的值是否存在
V get(Object key)	根据指定的键获取值
Set<K> keySet( )	获取所有的键
Collection<V> values( )	获取所有的值
Set<Map.Entry<K,V>> entrySet( )	获取所有的键值对关系

小提示　Collection 接口与 Map 接口都可以保存长度可变的数据，然而两者本质的区别在于其使用的环境。Collection 接口保存数据的主要目的是输出（利用 Iterator 接口），而 Map 接口保存数据的主要目的是实现根据键查找值的字典功能。虽然 Map 接口也可以进行输出操作，但是这样的操作在开发中出现得较少。

7.7.2　HashMap 集合

HashMap 是 Map 接口的一个实现类，在使用自定义的类作为键时，要求重写 hashCode( )及 equals( )

方法以去掉重复元素，保证键的唯一性。我们通过示例 7-8 来介绍 HashMap 集合的用法。

【示例 7-8】向 HashMap 集合中存储自定义 Student 类的值。

```java
package com.sjzlg.container.map;
class Student{
    private String name; // 学员姓名
    private String sex;  // 学员性别

    public Student(){
    }
    public Student(String name,String sex){
        this.name=name;
        this.sex=sex;
    }
    public String getName(){
        return name;
    }
    public void setName(String name){
        this.name=name;
    }
    public String getSex(){
        return sex;
    }
    public void setSex(String sex){
        this.sex=sex;
    }
}
package com.sjzlg.container.map;
import java.util.HashMap;
import java.util.Iterator;
import java.util.Map;
import java.util.Set;

class studentMap{
    public static void main(String[]args){
        //创建学员对象
        Student stu1=new Student("王宏", "男");
        Student stu2=new Student("杨敏", "女");
        Student stu3=new Student("高思", "女");
        //创建保存键值对的集合对象
        Map students=new HashMap();
        //把英文名与学员对象按照键值对的方式存储在 HashMap 集合中
        students.put("Jack",stu1);
        students.put("Kathy",stu2);
        students.put("Kathy",stu3);
        //输出学员个数
        System.out.println("已添加"+students.size()+"个学员信息");

        //输出学生英文名
        System.out.println("学生英文名:");
        for(Object key:students.keySet()){
            System.out.println(key.toString());
        }
```

```java
        //输出学生详细信息
        System.out.println("学生详细信息:");
        Set keySet=students.keySet();
        Iterator it=keySet.iterator();   // 迭代键的集合
        while(it.hasNext()){
            Object key=it.next();
            Object value=students.get(key);   // 获取每个键所对应的值
            Student stu=(Student)value;
            System.out.println(key+ ":" +stu.getName());
        }

        //判断是否存在"Jack"这个键,如果存在,根据键获取相应的值
        System.out.println("------------------------------");
        String key= "Jack";
        if(students.containsKey(key)){
            Student stu= (Student)students.get(key);
            System.out.println("英文名为"+key+"的学员姓名: "+stu.getName());
        }
        String key1= "Kathy";
        //判断是否存在"Kathy"这个键,如果存在,根据键获取相应的值
        if(students.containsKey(key1)){
            students.remove(key1);
            System.out.println("学员"+key1+"的信息已删除");
        }
        //再次输出信息
        System.out.println("学生详细信息:");
        Set entrySet=students.entrySet();
        Iterator it1=entrySet.iterator();              // 获取 Iterator 对象
        while(it1.hasNext()){
        Map.Entry entry= (Map.Entry)(it1.next());
        // 获取集合中键值对的映射关系
        Object key2=entry.getKey();                    // 获取 Entry 中的键
        Object value=entry.getValue();
        Student stu=(Student)value;
        System.out.println(key2+ ":" +stu.getName());
        }
    }
}
```

运行结果如图 7-11 所示。

```
已添加2个学员信息
学生英文名:
Kathy
Jack
学生详细信息:
Kathy:高思
Jack:王宏
------------------------------
英文名为Jack的学员姓名: 王宏
学员Kathy的信息已删除
学生详细信息:
Jack:王宏
```

图 7-11　运行结果

从运行结果可以看出，我们首先通过 Map 接口的 put(Object key，Object value)方法向集合中加入 3 个元素，然后通过 Map 接口的 size()方法获取 2 个元素，两次添加"Kathy"，只保留一次。从读取的学生详细信息中，我们也可以看出，第二次添加的值"高思"覆盖了原来的值"杨敏"。这也证实了 Map 中的键必须是唯一的，不能重复，如果存储了相同的键，后存储的值则会覆盖原有的值。简而言之就是键相同，值覆盖。

获取 Map 接口中的所有的键和值的方式有两种。一种方式是，首先调用 Map 对象的 KeySet()方法，获得存储 Map 中的所有键的 Set 集合，然后通过 Iterator 迭代 Set 集合的每一个元素，即每一个键，最后通过调用 get(String key)方法，根据键获取对应的值。

另一种方式是，首先获取集合中的所有映射关系，然后从映射关系中取出键和值。首先调用 Map 对象的 entrySet()方法获得存储在 Map 接口中的所有映射的 Set 集合（这个集合中存放了 Map.Entry 对象，每个 Map.Entry 对象代表 Map 接口中的一个键值对），然后迭代 Set 集合，获得映射对象，并分别调用映射对象的 getKey()和 getValue()方法获取键和值。

小提示　在使用 Map 接口时可以发现，几乎可以使用任意类来作为键或值，也就表示可以使用自定义的类作为键。作为键的自定义的类必须重写 Object 类中的 hashCode()和 equals()方法，因为只有靠这两个方法才能确定元素是否重复（在 Map 集合中指的是能否找到对应的元素）。提示：尽量不要使用自定义类作为键。虽然 Map 集合中可以将各种类作为键进行设定，但是从实际的开发来讲，不建议使用自定义类作为键，建议使用 Java 中提供的系统类作为键，如 String、Integer 等类，其中使用 String 类作为键的情况是最为常见的。

7.8　Collections 类

Collections 类是 Java 提供的一个集合操作工具类，它包含大量的静态方法，用于实现对集合元素的排序、查找和替换等操作。

排序是针对集合的一个常见需求。要排序就要知道两个元素哪个大、哪个小。在 Java 中，如果想实现在一个类的对象之间比较大小，那么这个类就要实现 Comparable 接口。此接口可强行对实现它的每个类的对象进行整体排序。这种排序被称为类的自然排序，类的 compareTo()方法被称为它的自然比较方法。此方法用于比较它的类的对象与指定对象的顺序，如果该对象小于、等于或大于指定对象，则对应返回负整数、零或正整数。

定义 compareTo()方法的语法格式如下。

```
int compareTo(Object obj);
```

具体说明如下。

- 参数：obj 即要比较的对象。
- 返回值：负整数、零或正整数。根据此对象是小于、等于还是大于指定对象返回不同的值。

实现此接口的对象列表（和数组）可以通过 Collections.sort()方法进行自动排序。示例 7-7 中 Student 类通过实现 Comparable 接口对集合进行自动排序。示例 7-9 Student2 类实现 Comparable 接口，重写 compareTo()方法，通过比较学号实现对象之间的大小比较。实现步骤如下。

（1）创建 Student2 类。

（2）添加属性，包括学号 number（int）、姓名 name（String）和性别 sex（String）。

（3）实现 Comparable 接口、compareTo()方法。

比较元素之间的大小之后，就可以使用 Collections 类的 sort()方法对元素进行排序了。前面介绍过 List 接口和 Map 接口，Map 接口中的元素本身是无序的，所以不能对 Map 接口中的元素进行排序操作，但是 List 接口中的元素是有序的，所以可以对 List 接口中的元素进行排序。注意 List 接口中存放的元素，必须是实现了 Comparable 接口的元素才可以。

使用 Collections 类的静态方法 sort()和 binarySearch()对 List 接口中的元素进行排序与查找。实现步骤如下。

（1）导入相关类。
（2）初始化数据。
（3）遍历排序前的集合并输出。
（4）使用 Collections 类的 sort()方法排序。
（5）遍历排序后的集合并输出。
（6）查找排序后某元素的索引。

下面通过示例 7-9 来介绍相关的操作。

【示例 7-9】向 HashMap 集合中存储实现了 Comparable 接口的、自定义 Student2 类的值。

```java
package com.sjzlg.container.map;
class Student2 implements Comparable{
private int number=0;              //学号
    private String name="";         //学生姓名
    private String sex="";       //性别
    public String getSex(){
        return sex;
    }
    public void setSex(String sex){
        this.sex=sex;
    }
    public int getNumber(){
        return number;
    }
    public void setNumber(int number){
        this.number=number;
    }
    public String getName(){
        return name;
    }
    public void setName(String name){
        this.name=name;
    }

    public int compareTo(Object obj){
        Student2 student=(Student2)obj;
        if(this.number==student.number){
            return 0;            //如果学号相同，那么两者就是相等的
        }else if(this.number>student.getNumber()){
            return 1;            //如果这个学生的学号大于传入学生的学号
        }else{
            return-1;            //如果这个学生的学号小于传入学生的学号
        }
    }
```

```java
}
package com.sjzlg.container.map;
import java.util.ArrayList;
import java.util.Collections;
import java.util.Iterator;
public class student2Collection{
    public static void main(String[]args){
        Student2 stu1=new Student2();
        stu1.setNumber(3);
        Student2 stu2=new Student2();
        stu2.setNumber(6);
        Student2 stu3=new Student2();
        stu3.setNumber(2);
        Student2 stu4=new Student2();
        stu4.setNumber(4);
        ArrayList list=new ArrayList();
        list.add(stu1);
        list.add(stu2);
        list.add(stu3);
        list.add(stu4);
        System.out.println("-------排序前-------");
        Iterator iterator=list.iterator();
        while(iterator.hasNext()){
            Student2 stu=(Student2)iterator.next();
            System.out.println(stu.getNumber());
        }
        //使用Collections类的sort()方法对list接口中的元素进行排序
        System.out.println("-------排序后-------");
        Collections.sort(list);
        iterator=list.iterator();
        while(iterator.hasNext()){
            Student2 stu=(Student2)iterator.next();
          System.out.println(stu.getNumber());
        }
        //使用Collections类的binarySearch()方法对list接口中的元素进行查找
        int index=Collections.binarySearch(list,stu3);
        System.out.println("student3的索引是: "+index);
    }
}
```

运行结果如图 7-12 所示。

```
-------排序前-------
3
6
2
4
-------排序后-------
2
3
4
6
student3的索引是: 0
```

图 7-12　运行结果

小提示

（1）Collections 和 Collection 是不同的，前者是集合的操作类，后者是集合接口。

（2）Collections 是结合操作的工具类，可以直接利用类中提供的方法，进行 List、Set、Map 等集合的数据操作。

本章小结

本章详细介绍了几种 Java 常用集合类，从 Collection、Map 接口开始，重点介绍了 List 集合、Set 集合、Map 集合之间的区别，以及它们常用实现类的使用方法和需要注意的问题，还有泛型的使用。通过本章的学习，读者要掌握各种集合类的使用场景和需要注意的细节，同时要掌握泛型的使用方法。

练习题

选择题

1. ArrayList list=new ArrayList(20)中的 list 扩充了（　　）次。
   A. 0　　　　　　　B. 1　　　　　　　C. 2　　　　　　　D. 3
2. 关于 List、Set、Map 哪个继承自 Collection 接口，下列说法正确的是（　　）。
   A. List Map　　　B. Set Map　　　C. List Set　　　D. List Map Set
3. 以下结构中，插入性能最高的是（　　）。
   A. ArrayList　　　B. Linkedlist　　　C. tor　　　D. Collection
4. 下列叙述中正确的是（　　）。
   A. 循环队列有队头和队尾两个指针，因此，循环队列是非线性结构
   B. 在循环队列中，只需要队头指针就能反映队列中元素的动态变化情况
   C. 在循环队列中，只需要队尾指针就能反映队列中元素的动态变化情况
   D. 在循环队列中元素的个数是由队头指针和队尾指针共同决定的

上机实战

实战 7-1　使用 HashMap 集合存储学生成绩并遍历输出

? 需求说明

编写 Java 程序，创建一个 HashMap 对象，并在其中添加学生的姓名和成绩，键为学生姓名，值为学生成绩，实现查询学生成绩和遍历输出学生成绩，运行结果如图 7-13 所示。

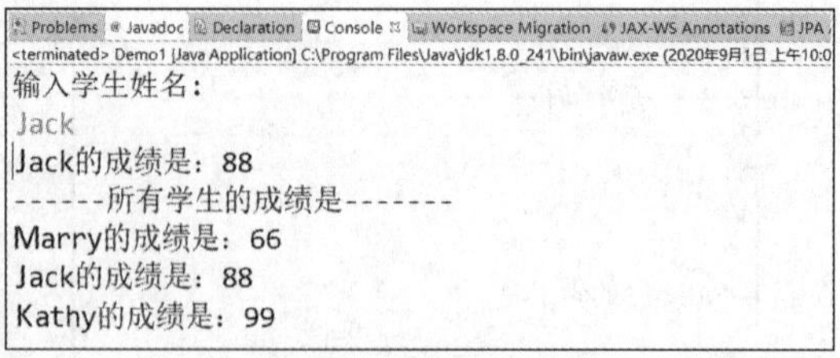

图 7-13　输出学生成绩

? 实现思路

（1）创建 HashMap 实体类对象，添加几个学生的姓名和成绩。
（2）根据输入的学生姓名，输出学生成绩。
（3）遍历 HashMap 集合，输出全部学生成绩。

参考解决方案可以在配套资源中获取或扫描二维码查看。

实战 7-1 参考解决方案

实战 7-2　使用 HashSet 集合和 ArrayList 集合输出 10 个 1~20 的随机数

? 需求说明

编写一个程序，输出 10 个 1~20 的随机数，要求随机数不能重复，如图 7-14 所示。
（1）用 HashSet 集合实现。
（2）用 ArrayList 集合实现。

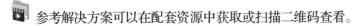

图 7-14　随机数

? 实现思路

（1）创建一个 Random 对象，产生随机数。
（2）创建 ArrayList 集合存储产生的随机数。
（3）创建 HashSet 集合存储产生的随机数。

参考解决方案可以在配套资源中获取或扫描二维码查看。

实战 7-2 参考解决方案

实战 7-3　存储学生信息并遍历输出

? 需求说明

编写一个程序，分别用 ArrayList 集合、TreeMap 集合、HashSet 集合、TreeSet 集合来存储学生信息，并遍历输出，运行结果如图 7-15 和图 7-16 所示。

图 7-15　遍历 ArrayList 和 TreeMap 集合

```
遍历HashSet集合中的学生信息
1,姓名：小李,年龄：19,家乡：石家庄
2,姓名：小张,年龄：17,家乡：上海
1,姓名：小王,年龄：18,家乡：北京

遍历TreeSet集合中的学生信息
1,姓名：小王,年龄：18,家乡：北京
2,姓名：小张,年龄：17,家乡：上海
```

图 7-16　遍历 HashSet 和 TreeSet 集合

实现思路

（1）创建 student 对象。
（2）创建 ArrayList 集合、TreeMap 集合存储并遍历学生信息。
（3）创建 student1 对象。
（4）创建 HashSet 集合、TreeSet 集合存储并遍历学生信息。

参考解决方案可以在配套资源中获取或扫描二维码查看。

实战 7-3 参考解决方案

第 8 章 I/O

本章目标
- 会使用字节流读写文件。
- 会使用字符流读写文件。
- 会使用 File 类访问文件系统。

8.1 I/O 流

8.1.1 I/O 流的概述

大多数应用程序都需要实现与设备之间的数据传输,例如键盘可以输入数据、显示器可以显示程序的运行结果等。在 Java 中,将这种不同输入/输出(Input/Output,I/O)设备之间的数据传输抽象表述为"流",程序允许通过流的方式与 I/O 设备进行数据传输。"流"屏蔽了实际的 I/O 设备中处理数据的细节,让数据的读取和写入更加方便和简单。

流中存放的是有序的字符(字节)序列,在操作流对象时,只需要指定对应的目标对象,其数据读写操作基本一致。Java 中的"流"都位于 java.IO 包中,称为 I/O 流。输入流表示从外部设备流入计算机内存的数据序列,输出流则表示从计算机内存向外部设备流出的数据序列。

8.1.2 I/O 流的分类

I/O 流按照操作数据类型的不同可分为字节流和字符流;按照数据传输方向的不同可分为输入流和输出流,程序从输入流中读取数据,向输出流中写入数据。在 java.IO 包中,字节流的 I/O 流分别用 java.io.InputStream 和 java.io.OutputStream 表示,字符流的 I/O 流分别用 java.io.Reader 和 java.io.Writer 表示。

8.2 字节流

8.2.1 字节流的概念

I/O 流中针对字节的输入、输出提供了一系列的流,统称为字节流。字节流又被称为"万能的字节流",因为在计算机中,文本、图片、音频、视频等文件都是以二进制(字节)形式存在的,所以只要是以字节形式存在的,都可以使用字节流。

在 JDK 中,提供了两个抽象类 InputStream 和 OutputStream,它们是字节流的顶级父类。所有的字节输入流都继承自 InputStream,所有的字节输出流都继承自 OutputStream。

数据通过 InputStream 从源设备输入程序,通过 OutputStream 将程序输出到目标设备,从而实现数据的传输。也就是说,I/O 流中的输入、输出都是相对程序而言的。

在 JDK 中,InputStream 和 OutputStream 提供了一系列与读写数据相关的方法。InputStream 是用于读数据的,表 8-1 所示为 InputStream 类的常用方法。

表 8–1 InputStream 类的常用方法

方法	功能描述
int read()	从输入流读入一个 8 位字节的数据,将它转换成一个 0~255 的整数,返回这一整数,如果遇到输入流的结尾返回-1
int read(byte[]b)	从输入流读取若干字节的数据保存到参数 b 指定的字节数组中,返回的整数表示读取的字节数,如果遇到输入流的结尾返回-1
int read(byte[]b,int off,int len)	从输入流读取若干字节的数据保存到参数 b 指定的字节数组中,其中 off 是指在数组中开始保存数据位置的起始索引,len 是指读取字节的数目。返回的是实际读取的字节数,如果遇到输入流的结尾则返回-1
void close()	关闭数据流,当完成对数据流的操作之后需要关闭数据流,释放与该流关联的所有系统资源

OutputStream 是用于写数据的,表 8-2 所示为 OutputStream 类的常用方法。

表 8–2 OutputStream 类的常用方法

方法	功能描述
void write(b)	将指定的字节数据写入输出流
void write(byte[]b)	将 b 指定的字节数组中的全部数据写入输出流
void write(byte[]b,int off,int len)	将指定 byte 字节数组从 off 位置开始的 len 字节的数据写入输出流
void close()	关闭数据流,当完成对数据流的操作之后需要关闭数据流,释放与该流关联的所有系统资源
void flush()	刷新输出流,强行将缓冲区的全部数据写入输出流

InputStream 和 OutputStream 都是抽象类,不能被实例化。针对不同的功能,InputStream 和 OutputStream 提供了不同的子类,这些子类的继承关系形成了层次结构,如图 8-1 和图 8-2 所示。

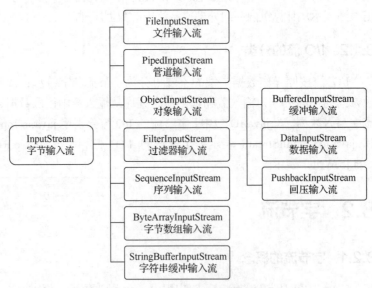

图 8-1 InputStream 类的层次结构

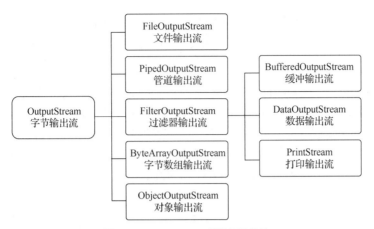

图 8-2　OutputStream 类的层次结构

从图 8-1 和图 8-2 可以看出，InputStream 和 OutputStream 的子类有很多是大致对应的，例如 FileInputStream 和 FileOutputStream、ByteArrayInputStream 和 ByteArrayOutputStream 等。

8.2.2　字节流读写文件

计算机中的数据基本上都是以文件的形式存储在硬盘上的，操作文件中的数据是很常见的。从文件中读取数据或者将数据写入文件，即文件的读写，是最常见的操作之一。针对文件的读写，JDK 提供了两个类，分别是 FileInputStream 和 FileOutputStream。

1. 字节流读文件

FileInputStream 是 InputStream 的子类，它用于操作文件的字节输入流，用于从文件中读取数据到程序。FileInputStream 类常用的构造方法如表 8-3 所示。

表 8–3　FileInputStream 类常用的构造方法

构造方法	功能描述
FileInputStream(File file)	使用 File 对象来创建文件输入流对象
FileInputStream(String pathName)	使用 String 型的路径创建文件输入流对象

下面通过示例 8-1 来实现通过字节流对文件数据进行读取。

在读取文件之前，首先在 Eclipse 项目的根目录下创建一个文本文件 lgxy.txt，然后在文件中输入"sjzlgxy"并保存。

【示例 8-1】使用 FileInputStream 读取文件中的数据到程序。

```
package com.sjzlg.www;
import java.io.FileInputStream;
import java.io.IOException;
public class FISDemo{
    public static void main(String[]args)throws IOException{
        //创建一个字节输入流对象
        FileInputStream fis=new FileInputStream("lgxy.txt");
        //定义一个int型的变量by，存储每次读取的一个字节的数据
        int by=0;
        while((by=fis.read())!= -1){//将读取的一个字节的数据赋值给变量by并判断是否读到文件末尾
            System.out.println(by);
        }
```

```
            fis.close();//关闭文件输入流,释放与该流关联的所有系统资源
    }
}
```

运行结果如图 8-3 所示。

示例 8-1 中创建的字节流 FileInputStream 对象通过 read()方法将当前项目中的文件 lgxy.txt 中的数据读取并输出。从图 8-3 可以看出,结果分别为 115、106、122、108、103、120 和 121。在 lgxy.txt 文件中存储的是 sjzlgxy,这里之所以输出数字,是因为硬盘上文件是以字节的形式存储的,字符's'、'j'、'z'、'l'、'g'、'x'、'y'各占一个字节。read()方法从输入流读入一个字节的数据,将它转换成一个 0~255 的整数并返回这一整数。因此,最终结果显示的就是文件 lgxy.txt 中的 7 个字节所对应的十进制数。

小技巧

如果想要实现图 8-4 所示的运行结果,只需要将 System.out.println(by)语句改为 System.out.print((char)by)语句即可。

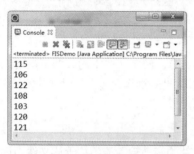

图 8-3　运行结果

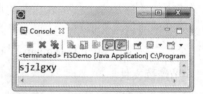

图 8-4　运行结果

在读取文件中的数据时,必须保证文件在相应目录存在并且是可读的,否则会抛出文件找不到的异常(FileNotFoundException)。示例 8-1 中,如果没有创建文本文件 lgxy.txt,程序运行后,会出现图 8-5 所示的异常。

小提示

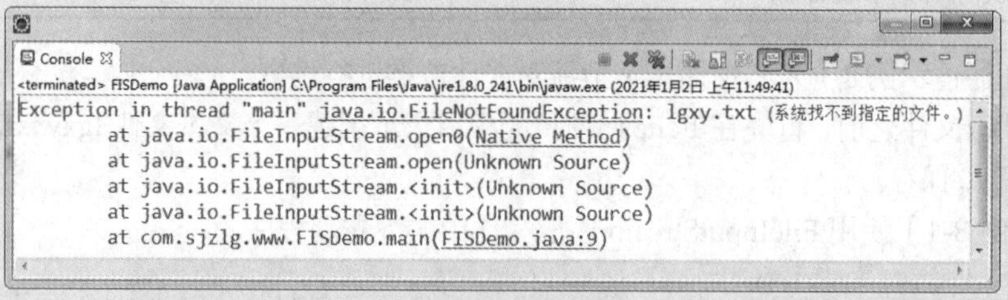

图 8-5　运行结果

2. 字节流写文件

FileOutputStream 是 OutputStream 的子类,它用于操作文件的字节输出流,用于将内存中的数据写到文件。FileOutputStream 类常用的构造方法如表 8-4 所示。

表 8-4　FileOutputStream 类常用的构造方法

构造方法	功能描述
FileOutputStream(File file)	使用 File 对象来创建文件输出流对象
FileOutputStream(String pathName)	使用 String 型的路径创建文件输出流对象

续表

构造方法	功能描述
FileOutputStream(File file,boolean append)	使用 File 对象来创建文件输出流对象，append 的值为 true 表示将内容追加到原有文件内容的后面，append 的值为 false 表示将覆盖原文件中的内容
FileOutputStream(String pathName,boolean append)	使用 String 型的路径创建文件输出流对象，append 的值为 true 表示将内容追加到原有文件内容的后面，append 的值为 false 表示将覆盖原文件中的内容

下面通过示例 8-2 来实现通过字节流将程序中的数据写入文件。

【示例 8-2】使用 FileOutputStream 将程序中的数据写入文件。

```
package com.sjzlg.www;
import java.io.FileOutputStream;
import java.io.IOException;
public class EXA8_2{
public static void main(String[]args) throws IOException{
    //创建字节输出流对象
    FileOutputStream fos=new FileOutputStream("hlw.txt");
    //写数据
    fos.write("welcome to sjzlgxy.hlwyyxy".getBytes());
    //关闭文件输出流并释放与此流有关的所有系统资源
    fos.close();
}
}
```

程序运行后，会在项目当前目录下生成一个新的文本文件 hlw.txt（运行程序后，该文件可能不会立即显示在项目目录下，此时使用鼠标右击项目，在弹出的窗口中，选择【Refresh】，对项目进行刷新即可），打开此文件，会看到图 8-6 所示的内容。

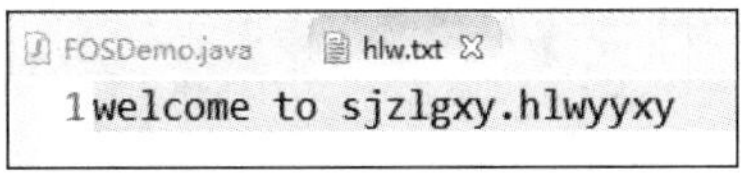

图 8-6　hlw.txt 文件内容

从图 8-6 可以看出，通过 FileOutputStream 写数据时，系统会自动创建文件 hlw.txt，并将数据写入文件。

小提示　　如果通过 FileOutputStream(String pathName) 向一个已经存在的文件中写入数据，那么该文件中的数据首先会被清空，再被写入新的数据。

若希望在已存在的文件内容之后追加新内容，则可使用 FileOutputStream 类的构造方法 FileOutputStream(String pathName,boolean append) 来创建文件输出流对象，并把 append 参数的值设置为 true。

下面通过示例 8-3 来实现将数据追加到文件末尾。

【示例 8-3】使用 FileOutputStream 将数据追加到文件末尾。

```
package com.sjzlg.www;
import java.io.FileOutputStream;
import java.io.IOException;
public class FOSAppendDemo{
```

```java
    public static void main(String[]args) throws IOException{
        // 创建字节输出流对象
        FileOutputStream fos=new FileOutputStream("hlw.txt",true);
        // 写数据
        fos.write(" 软件教研室".getBytes());
        // 关闭文件输出流并释放与此流有关的所有系统资源
        fos.close();
    }
}
```

程序运行后，查看项目当前目录下的文件 hlw.txt，如图 8-7 所示。

```
FOSAppendDemo.java    hlw.txt ⊠
1 welcome to sjzlgxy.hlwyyxy 软件教研室
```

图 8-7　hlw.txt 文件内容

从图 8-7 中可以看出，程序通过字节输出流对象向文件 hlw.txt 写入 "软件教研室" 后，并没有将文件之前的数据清空，而是将新写入的数据追加到了文件的末尾。

> 小提示
>
> 由于 I/O 流在进行数据读写操作时会出现异常，为了代码的简洁，在示例 8-3 中使用了 throws 关键字将异常抛出。然而一旦遇到 I/O 异常，I/O 流的 close()方法将无法得到执行，流对象所占用的系统资源将得不到释放。因此，为了保证 I/O 流的 close()方法得到执行，通常将关闭流的操作写在 finally 代码块中，具体代码如下所示。
>
> ```java
> finally{
>     try{
>         if(fis!=null)
>             fis.close();
>     }catch(Exception e){
>         e.printStackTrace();
>     }
>     try{
>         if(fos!=null)
>             fos.close();
>     }catch(Exception e){
>         e.printStackTrace();
>     }
> }
> ```

8.2.3　文件的复制

前面的示例中，单独使用了输入流或者输出流，实际上输入流和输出流可以一起使用，例如文件的复制就需要通过输入流来读取原文件中的数据，再通过输出流将数据写入副本文件中。下面通过示例 8-4 来演示文件内容的复制。

在代码实现前，准备好要复制的文件，如在当前项目目录下存放一个 "壁纸.jpg" 文件。实现文件复制的代码如示例 8-4 所示。

【示例 8-4】通过逐字节读写实现文件的复制。

```java
package com.sjzlg.www;
import java.io.FileInputStream;
import java.io.FileOutputStream;
import java.io.IOException;
```

```java
public class FileCopyDemo{
    public static void main(String[]args) throws IOException{
        // 创建字节输入流对象,用于读取项目目录下的"壁纸.jpg"文件
        FileInputStream fis=new FileInputStream("壁纸.jpg");
        // 创建字节输出流对象,用于将读取的数据写入"壁纸副本.jpg"文件中
        FileOutputStream fos=new FileOutputStream("壁纸副本.jpg");
        int by=0;//定义一个int型的变量by,为其赋初值0,存储每次读取的一个字节的数据
        long bt=System.currentTimeMillis();//获取文件复制前的系统时间
        while((by=fis.read())!= -1){//将读取的一个字节的数据赋值给变量by并判断是否读到文件末尾
            fos.write(by);//将读到的一个字节的数据写入文件
        }
        long et=System.currentTimeMillis();//获取文件复制后的系统时间
        System.out.println("文件复制用时: "+(et-bt)+"毫秒");
        // 释放资源
        fis.close();
        fos.close();
    }
}
```

程序运行结束后,刷新发现"壁纸.jpg"文件被成功复制到了"壁纸副本.jpg",如图8-8所示。

示例8-4中实现了图片文件的复制。在复制的过程中,通过while循环将字节数据逐个进行复制。每循环一次,就通过FileInputStream的read()方法读取一个字节的数据,通过FileOutputStream的write()方法将该字节数据写入指定文件,循环往复,直到by的值为-1,表示读到了文件的末尾,结束循环,完成文件的复制。程序运行结束后,会在Console窗口输出复制图片文件所用时间,如图8-9所示。

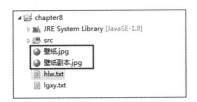

图8-8 复制后的项目目录

图8-9 运行结果

从图8-9可以看出,程序复制图片文件用时313毫秒。在复制文件时,由于计算机性能等各方面原因,会导致复制文件用时不确定,因此每次运行程序的结果不尽相同。

小技巧

在示例8-4中,将需要复制的文件"壁纸.jpg"直接存放在项目目录下,FileInputStream类的构造方法中的参数应该直接写成文件名"壁纸.jpg"。当"壁纸.jpg"存放在images文件夹中时,FileInputStream类的构造方法中的参数应该写成"images\\壁纸.jpg"。也就是说,定义文件路径要使用"\\"。这是因为Windows中的目录符号为反斜杠"\",但在Java中反斜杠"\"表示转义符,所以在使用反斜杠"\"时,前面应该再添加一个反斜杠,即"\\"。

此外,目录符号也可以用斜杠"/"来表示,如"images/壁纸.jpg"。

虽然示例8-4中通过逐个字节地读写实现了文件的复制,但需要频繁地操作文件,运行效率非常低。为了提高效率,可以定义一个字节数组,在复制文件时,可以一次性读取多个字节数据,并将其保存在字节数组中,然后将字节数组中的数据一次性写入文件。下面通过改进示例8-4来更高效地

复制文件,如示例 8-5 所示。

【示例 8-5】通过字节数组读写实现文件的复制。

```java
package com.sjzlg.www;
import java.io.FileInputStream;
import java.io.FileOutputStream;
import java.io.IOException;
public class FileCopyArrayDemo{
    public static void main(String[]args) throws IOException{
        // 创建字节输入流对象,用于读取项目目录下的"壁纸.jpg"文件
        FileInputStream fis=new FileInputStream("壁纸.jpg");
        // 创建字节输出流对象,用于将读取的数据写入"壁纸副本.jpg"文件中
        FileOutputStream fos=new FileOutputStream("壁纸副本.jpg");
        //使用字节数组读写文件
        byte[]bys=new byte[1024];//定义一个字节数组 bys
        int len=0;//定义一个 int 型的变量 len,为其赋初值为 0,存储每次读入字节数组的字节数
        long bt=System.currentTimeMillis();//获取文件复制前的系统时间
        while((len=fis.read(bys)) != -1){//判断是否读到文件末尾
            fos.write(bys,0,len);//从第一个字节数据开始,向文件写入 len 个字节数据
        }
        long et=System.currentTimeMillis();//获取文件复制后的系统时间
        System.out.println("文件复制用时: "+(et-bt)+"毫秒");
        // 释放资源
        fis.close();
        fos.close();
    }
}
```

示例 8-5 也实现了图片文件的复制。在复制过程中,使用 while 循环语句实现字节文件的复制,每循环一次,就从文件读取若干字节数据填充字节数组,并通过变量 len 存储读入数组的字节数,然后从数组的第一个字节数据开始,将 len 个字节数据依次写入文件。循环往复,当 len 值为-1 时,说明已经读到了文件的末尾,循环结束,整个复制过程也就结束了。最终程序会将整个文件复制到目标文件,并将复制过程所用时间显示出来,如图 8-10 所示。

图 8-10 运行结果

通过比较图 8-10 和图 8-9,可以看出示例 8-5 复制文件所用时间明显缩短了,这说明使用字节数组读写文件可以有效地提高程序的运行效率。程序中的字节数组就是一块内存,该内存主要用于存放暂时输入、输出的数据。由于使用字节数组减少了对文件的操作次数,因此可以提高读写数据的效率。

8.2.4 字节缓冲流

在 java.IO 包中提供了两个字节缓冲流,分别是 BufferedInputStream 和 BufferedOutputStream,它

们的构造方法中分别接收 InputStream 和 OutputStream 类型的参数，在读写数据时提供缓冲功能，以提高读写效率。下面通过示例 8-6 来说明 BufferedInputStream 和 BufferedOutputStream 的使用方法。

在代码实现前，准备好要复制的文件，如在当前项目目录下存放一个"壁纸.jpg"文件。实现文件复制的代码如示例 8-6 所示。

【示例 8-6】通过字节缓冲流读写实现文件的复制（一次读写一个字节的数据）。

```java
package com.sjzlg.www;
import java.io.BufferedInputStream;
import java.io.BufferedOutputStream;
import java.io.FileInputStream;
import java.io.FileOutputStream;
import java.io.IOException;
public class BISDemo{
    public static void main(String[]args) throws IOException{
        // 创建缓冲输入流
        BufferedInputStream bis=new BufferedInputStream(new FileInputStream("壁纸.jpg"));
        // 创建缓冲输出流
        BufferedOutputStream bos=new BufferedOutputStream(new FileOutputStream("壁纸副本.jpg"));
        int len=0;
        long bt=System.currentTimeMillis();//获取文件复制前的系统时间
        while((len=bis.read()) != -1){
            bos.write(len);
        }
        long et=System.currentTimeMillis();//获取文件复制后的系统时间
        System.out.println("文件复制用时: "+(et-bt)+"毫秒");
        bis.close();
        bos.close();
    }
}
```

运行结果如图 8-11 所示。

图 8-11　运行结果

通过比较图 8-11 和图 8-9，可以看出示例 8-6 复制文件所用时间明显缩短了，这说明使用字节缓冲流读写文件可以有效地提高程序的运行效率。

示例 8-6 是一次读写一个字节的数据，如果一次读写一个字节的数组，效率会更高，如示例 8-7 所示。

【示例 8-7】通过字节缓冲流读写实现文件的复制（一次读写一个字节的数组）。

```java
package com.sjzlg.www;
import java.io.BufferedInputStream;
import java.io.BufferedOutputStream;
import java.io.FileInputStream;
import java.io.FileOutputStream;
import java.io.IOException;
```

```
public class BISArrayDemo{
    public static void main(String[]args) throws IOException{
        // 创建缓冲输入流
        BufferedInputStream bis=new BufferedInputStream(new FileInputStream("壁纸.jpg"));
        // 创建缓冲输出流
        BufferedOutputStream bos=new BufferedOutputStream(new FileOutputStream("壁纸副本.jpg"));
        int len=0;
        byte[]bys=new byte[1024];
        long bt=System.currentTimeMillis();// 获取文件复制前的系统时间
        while((len=bis.read(bys)) != -1){
            bos.write(bys,0,len);
        }
        long et=System.currentTimeMillis();// 获取文件复制后的系统时间
        System.out.println("文件复制用时: " + (et-bt) + "毫秒");
        bis.close();
        bos.close();
    }
}
```

运行结果如图 8-12 所示。

图 8-12　运行结果

通过比较图 8-11 和图 8-12，可以看出示例 8-7 复制文件所用时间缩短了，这说明使用字节缓冲流一次读写一个字节的数组比一次读写一个字节的数据更高效。

8.3　字符流

8.3.1　字符流概述

前面学习了字节流，字节流在无须对数据进行特殊处理时较为常用，但当程序需要读取一段文本，并且需要根据这段文本的数据内容来进行不同操作的时候，如输出一段文本时，使用字符流比较方便，因为人类的阅读单元是字符，而非计算机的字节。为此，JDK 提供了字符流。同字节流一样，字符流也有两个抽象的顶级父类，分别是 Reader 和 Writer。其中 Reader 操作的是字符输入流，用于从某个源设备读取字符到程序；Writer 操作的是字符输出流，用于从程序向某个目标设备写入字符。Reader 类与 Writer 类的常用方法分别如表 8-5 和表 8-6 所示。

表 8–5　Reader 类的常用方法

方法	功能描述
int read()	读取一个在整数范围 0～65535 内的字符，达到文件末尾返回-1
int read(char[]cbuf)	将字符读取到 char 型的数组中
void close()	关闭流

表 8–6　Writer 类的常用方法

方法	功能描述
void write(int c)	向目的地写入一个字符
void write(String str)	向目的地写入一个字符串
abstract void flush( )	刷新输出流
abstract void close( )	关闭输出流

Reader 和 Writer 作为字符流的顶级父类，也有许多子类，这些子类的继承关系形成了层次结构，如图 8-13 和图 8-14 所示。

从图 8-13 和图 8-14 可以看到，字符流的继承关系的层次结构与字节流的继承关系的层次结构类似，很多子类都是成对出现的。其中，FileReader 和 FileWriter 用于读写文件，BufferedReader 和 BufferedWriter 是具有缓冲功能的流，使用它们可以提高读写效率。

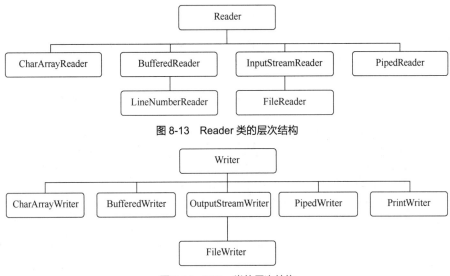

图 8-13　Reader 类的层次结构

图 8-14　Writer 类的层次结构

8.3.2　使用 FileReader 和 FileWriter 读写文件中的字符

在程序开发中，经常需要对文件的内容进行读取，如果需要从文件中直接读取字符，可以使用字符文件输入流 FileReader，通过此流可以从关联的文件中读取一个或一组字符。下面通过示例 8-8 来学习使用 FileReader 读取文件中的字符。

在代码实现之前，首先在项目当前目录下新建文本文件 welcome.txt，然后在其中输入字符"互联网应用学院"并保存。

【示例 8-8】使用 FileReader 读取文件中的字符。

```
package com.sjzlg.www;
import java.io.FileReader;
import java.io.IOException;
public class FRDemo{
    public static void main(String[]args) throws IOException{
        // 创建 FileReader 对象来读取文件中的字符
        FileReader fr=new FileReader("welcome.txt");
        // 一次读取一个字符
```

```
            int ch=0;//定义变量来存储读取的字符
            while((ch=fr.read())!= -1){//判断是否读取到文件的末尾
                System.out.print((char)ch);//输出读取到的字符
            }
            fr.close();//关闭字符文件输入流，释放资源
        }
    }
```

运行结果如图 8-15 所示。

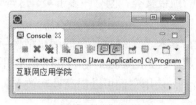

图 8-15 运行结果

示例 8-8 实现了读取文件字符的功能。首先创建 FileReader 对象与文件关联，然后通过 while 循环每次从文件中读取一个字符并输出，这样便实现了使用 FileReader 读取文件字符的操作。

小技巧

为了提高读取的效率，还可以通过 while 循环每次从文件中读取一个字符数组。关键代码如下所示。

```
// 一次读取一个字符数组
char[]chs=new char[1024];
int len=0;
while((len=fr.read(chs))!= -1){
    System.out.println(new String(chs,0,len));
}
```

小提示

字符文件输入流 FileReader 的 read()方法返回的是 int 型的值，如果希望获得字符就需要进行强制类型转换，如示例 8-8 中的代码 System.out.print((char)ch)，它的作用就是将变量 ch 的类型转为 char 型再输出。

如果要向文件中写入字符就需要使用 FileWriter 类，该类是 Writer 类的一个子类。下面通过示例 8-9 来学习使用 FileWriter 将字符写入文件。

【示例 8-9】使用 FileWriter 将字符写入文件。

```
package com.sjzlg.www;
import java.io.FileWriter;
import java.io.IOException;
public class FWDemo{
    public static void main(String[]args) throws IOException{
        //创建 FileWriter 对象以向文件中写入数据
        FileWriter fw=new FileWriter("sjzlg.txt");
        String s="格物致知学以致用";
        fw.write(s);//将字符串数据写入文本文件中
        fw.close();   //关闭写入流，释放资源
    }
}
```

程序运行结束后，会在当前目录下生成一个名称为 sjzlg.txt 的文件，打开此文件会看到图 8-16 所示的内容。

图 8-16　sjzlg.txt 文件内容

FileWriter 同 FileOutputStream 一样，如果指定的文件不存在，就会先创建文件，再写入数据；如果文件存在，则会先清空文件中的内容，再进行写入。

小技巧

如果想在文件末尾追加数据，同样需要调用重载的构造方法，将创建 FileWriter 对象的代码进行如下修改：

```
FileWriter fw=new FileWriter("sjzlg.txt",true);
```

修改后，再次运行程序，即可实现在文件中追加内容的效果，如图 8-17 所示。

图 8-17　sjzlg.txt 文件追加内容

8.3.3　字符缓冲流 BufferedReader 和 BufferedWriter

在 java.IO 包中同样提供了两个字符缓冲流，分别是 BufferedReader 和 BufferedWriter，它们的父类分别是 Reader 和 Writer。缓冲流的构造方法中需要一个 Reader 对象或 Writer 对象。

在代码实现之前，首先在项目当前目录下新建文本文件 sjzlg.txt，然后在其中输入字符"格物致知学以致用"并保存。

下面通过示例 8-10 来学习使用 BufferedReader 将文件中的字符读取到程序。

【示例 8-10】使用 BufferedReader 将文件中的字符读取到程序。

```java
package com.sjzlg.www;
import java.io.BufferedReader;
import java.io.FileReader;
import java.io.IOException;
public class BRDemo{
    public static void main(String[]args) throws IOException{
        // 创建字符缓冲输入流对象
        BufferedReader br=new BufferedReader(new FileReader("sjzlg.txt"));
        // 一次读取一个字符
        int ch=0;
        while((ch=br.read()) != -1){
            System.out.print((char)ch);
        }
        // 释放资源
        br.close();
    }
}
```

运行结果如图 8-18 所示。

图 8-18　运行结果

为了提高读取的效率，还可以通过 while 循环每次从文件中读取一个字符数组。关键代码如下所示。

小技巧

```
// 一次读取一个字符数组
    char[]chs=new char[1024];
    int len=0;
    while((len=br.read(chs)) != -1){
        System.out.print(new String(chs,0,len));
    }
```

下面通过示例 8-11 来学习使用 BufferedWriter 将程序中的字符写入文件。

【示例 8-11】使用 BufferedWriter 将程序中的字符写入文件。

```
package com.sjzlg.www;
import java.io.BufferedWriter;
import java.io.FileWriter;
import java.io.IOException;
public class BWDemo{
    public static void main(String[]args) throws IOException{
        // 创建字符缓冲输出流对象
        BufferedWriter bw=new BufferedWriter(new FileWriter("rcpy.txt"));
        bw.write("专业技能");
        bw.write("职业素养");
        bw.write("人格养成");
        bw.flush();
        // 释放资源
        bw.close();
    }
}
```

程序运行结束后，会在当前目录下生成一个名称为 rcpy.txt 的文件，打开此文件会看到图 8-19 所示的内容。

在 BufferedReader 中有一个重要的方法 readLine()，该方法用于一次读取一行文本。在 BufferedWriter 中也有一个重要的方法 newLine()，该方法会输出一个跨平台的换行符。

下面通过示例 8-12 来学习使用字符缓冲流实现文件的复制。

在代码实现之前，需要复制图 8-20 所示的文件 rcpy.txt 中的内容。

图 8-19 rcpy.txt 文件内容

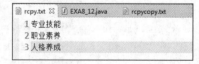

图 8-20 rcpy.txt 文件内容

【示例 8-12】使用字符缓冲流实现文件的复制。

```
package com.sjzlg.www;
import java.io.BufferedReader;
import java.io.BufferedWriter;
import java.io.FileReader;
import java.io.FileWriter;
import java.io.IOException;
public class BRBWCopyDemo{
    public static void main(String[]args) throws IOException{
        // 创建字符缓冲输入流对象
```

```
        BufferedReader br=new BufferedReader(new FileReader("rcpy.txt"));
        // 创建字符缓冲输出流对象
        BufferedWriter bw=new BufferedWriter(new FileWriter("rcpycopy.txt"));
        String s=null;
        while((s=br.readLine())!=null){
            bw.write(s);
            bw.newLine();
            bw.flush();
        }
        // 释放资源
        br.close();
        bw.close();
    }
}
```

程序运行结束后，会在当前目录下生成一个名称为 rcpycopy.txt 的文件，打开此文件会看到图 8-21 所示的内容。

图 8-21 rcpycopy.txt 文件内容

在示例 8-12 中，使用了字符缓冲输入和输出流对象，通过 while 循环实现了文本文件的复制。在复制过程中，每次循环都使用 readLine()方法读取文件的一行，然后通过 write()方法写入目标文件。

小提示

由于字符缓冲流内部使用了缓冲区，在循环中调用 BufferedWriter 的 write()方法写入字符时，这些字符首先会被写入缓冲区。当缓冲区写满时或调用 close()方法时，缓冲区中的字符才会被写入目标文件。因此在循环结束时一定要调用 close()方法，否则有可能导致部分存在缓冲区中的数据没有被写入目标文件。

8.3.4 转换流

前面提到 I/O 流按照操作数据类型的不同，可以分为字节流和字符流，有时字符流和字节流之间需要进行转换。

转换流就是在字符流和字节流之间进行转换的流。在 JDK 中提供了两个类可以将字节流转换为字符流，它们分别是 InputStreamReader 和 OutputStreamWriter。

InputStreamReader 是 Reader 的子类，它可以将字节输入流转换成字符输入流，方便直接读取字符。

OutputStreamWriter 是 Writer 的子类，它可以将字节输出流转换成字符输出流，方便直接写入字符。

下面通过示例 8-13 来学习使用 InputStreamReader 读取文件中的内容到程序。

在代码实现之前，首先在项目当前目录下新建文本文件 sjzlg.txt，然后在其中输入字符"格物致知学以致用"并保存。

【示例 8-13】使用 InputStreamReader 读取文件中的内容到程序。

```
package com.sjzlg.www;
import java.io.FileInputStream;
```

```
import java.io.IOException;
import java.io.InputStreamReader;
public class ISRDemo{
public static void main(String[]args)throws IOException{
    // 创建InputStreamReader对象
    InputStreamReader isr=new InputStreamReader(new FileInputStream("sjzlg.txt"));
    // 一次读取一个字符
    int ch=0;
    while((ch=isr.read())!= -1){
        System.out.print((char)ch);
    }
    // 关闭流，释放资源
    isr.close();
}
}
```

运行结果如图 8-22 所示。

图 8-22　运行结果

小技巧

为了提高读取的效率，还可以通过 while 循环每次从文件中读取一个字符数组。关键代码如下所示。

```
// 一次读取一个字符数组
char[]chs=new char[1024];
    int len=0;
    while((len=isr.read(chs))!= -1){
        System.out.print(new String(chs,0,len));
    }
```

下面通过示例 8-14 来学习使用 OutputStreamWriter 将数据从程序写入文件。

【示例 8-14】使用 OutputStreamWriter 将数据从程序写入文件。

```
package com.sjzlg.www;
import java.io.FileOutputStream;
import java.io.IOException;
import java.io.OutputStreamWriter;
public class OSWDemo{
    public static void main(String[]args)throws IOException{
        // 创建OutputStreamWriter对象
        OutputStreamWriter osw=new OutputStreamWriter(new FileOutputStream("hi.txt"));
        osw.write("欢迎来到Java的世界！");
        // 关闭流，释放资源
        osw.close();
    }
}
```

程序运行结束后，会在当前目录下生成一个名称为 hi.txt 的文件，打开此文件会看到图 8-23 所示的内容。

图 8-23 hi.txt 文件内容

小提示 在转换流时，只能对文本文件的字节流进行转换，不能对非文本文件的字节流进行转换。

8.4 File 类

前面的 I/O 流是对文件的内容进行读写操作的，在应用程序中还会经常对文件本身进行一些常规操作，例如创建一个文件或文件夹、删除某个文件或文件夹、判断硬盘上某个文件是否存在等。针对文件的这类操作，JDK 中提供了 File 类。

8.4.1 File 类概述

File 类是一个与流无关的类。File 类仅描述文件本身的属性，不具有从文件读取信息或向文件存入信息的能力。

File 类提供了一种与机器无关的方式来描述一个文件对象的属性，每个 File 类对象表示一个磁盘文件或目录，其对象属性包含文件或目录的相关信息，如名称、长度和文件个数等。调用 File 类的方法可以完成对文件或目录的管理操作（如创建和删除等)。

8.4.2 File 类的常用方法

File 类用于封装路径，这个路径可以是从系统盘符开始的绝对路径，如 C:\test\readme.txt；也可以是相对于当前目录而言的相对路径，如 src\Exa8_15.java。File 类内部封装的路径可以指向一个文件，也可以指向一个目录。File 类提供了针对这些文件或目录的一些常规操作。可以把 File 类简单理解为路径名（文件和文件夹或者目录）的抽象表示形式。

File 类常用的构造方法如表 8-7 所示。

表 8–7 File 类常用的构造方法

构造方法	功能描述
File(String pathName)	根据给定路径名字符串创建一个 File 类的对象
File(String parent，String child)	根据 parent 路径名字符串和 child 路径名字符串创建一个 File 类的对象
File(File parent，String child)	根据 File 类的 parent 路径名和 child 路径名字符串创建一个 File 类的对象

File 类中提供了一系列方法，用于操作其内部封装的路径指向的文件或目录，例如判断文件或目录是否存在、创建和删除文件或目录等。下面介绍 File 类中的常用方法，如表 8-8 所示。

表 8–8 File 类中的常用方法

方法	功能描述
boolean mkdir()	创建此抽象路径名指定的目录
boolean mkdirs()	创建此抽象路径名指定的目录，包括所有必需但不存在的父目录
boolean createNewFile()	当且仅当不存在具有此抽象路径名指定名称的文件时，创建一个新的空文件

续表

方法	功能描述
boolean exists()	判断此抽象路径名表示的文件或目录是否存在
boolean isFile()	判断此抽象路径名表示的文件是否为一个标准文件
boolean isDirectory()	判断此抽象路径名表示的文件是否为一个目录
boolean canRead()	判断应用程序是否可以读取此抽象路径名表示的文件
boolean canWrite()	判断应用程序是否可以修改此抽象路径名表示的文件
boolean isHidden()	判断此抽象路径名指定的文件是否为一个隐藏文件
String getPath()	将此抽象路径名转换为一个路径名字符串
String getAbsolutePath()	返回此抽象路径名的绝对路径名字符串
String getName()	返回由此抽象路径名表示的文件或目录的名称
String getParent()	返回此抽象路径名父目录的路径名字符串，如果此路径名没有指定父目录，则返回 null
long length()	返回由此抽象路径名表示的文件的长度
long lastModified()	返回此抽象路径名表示的文件最后一次被修改的时间
boolean delete()	删除此抽象路径名表示的文件或目录
String[ ]list()	返回一个字符串数组，这些字符串指定此抽象路径名表示的目录中的文件
File[ ]listFiles()	返回一个抽象路径名数组，这些路径名表示此抽象路径名表示的目录中的文件

8.4.3 File 类的使用方法

下面通过示例 8-15～示例 8-23 来学习 File 类的使用方法。

1. 创建、删除文件/目录

【示例 8-15】在当前项目目录下创建一个 sjzlg 文件夹，再在 sjzlg 文件夹中创建一个 hlw 子文件夹。

```
package com.sjzlg.file;
import java.io.File;
public class DirCreateDemo{
    public static void main(String[]args){
        //File(String pathName)：根据给定路径名字符串创建一个 File 类的对象
        // 把 sjzlg 封装成一个 File 类的对象
        File f=new File("sjzlg");
        System.out.println("mkdir():" +f.mkdir());//创建 sjzlg 文件夹
        File f2=new File("sjzlg\\hlw");
        System.out.println("mkdir():" +f2.mkdir());//在 sjzlg 文件夹中创建 hlw 文件夹
    }
}
```

程序运行后，会在项目当前目录下生成一个新的文件夹 sjzlg（运行程序后，该文件夹可能不会立即显示在项目目录下，此时使用鼠标右击项目，在弹出的窗口中，单击【Refresh】按钮对项目进行刷新即可），展开此文件夹，会看到 hlw 文件夹，如图 8-24 所示。

运行结果如图 8-25 所示。

图 8-24 项目目录

图 8-25 运行结果

从图 8-25 可以看出，对象成功创建后，会返回 true，否则会返回 false。使用 File 类的不同构造方法，示例 8-15 还能通过下面两种方式实现。

方式一：关键代码如下。

```
File(String pathName)                      //根据给定路径名字符串创建一个File类的对象
// 把sjzlg封装成一个File类的对象
File f=new File("sjzlg");
System.out.println("mkdir():" +f.mkdir());  //创建sjzlg文件夹
File(File parent, String child)            //根据File类的parent路径名和child路径名字符串
                                             创建一个File类的对象
File f2=new File(f,"hlw");
System.out.println("mkdir():" +f2.mkdir()); //在sjzlg文件夹中创建hlw文件夹
```

方式二：关键代码如下。

```
File(String pathName)                      //根据给定路径名字符串创建一个File类的对象
// 把sjzlg封装成一个File类的对象
File f=new File("sjzlg");
System.out.println("mkdir():" +f.mkdir());  //创建sjzlg文件夹
File(String parent, String child)          //根据parent路径名字符串和child路径名字符串创
                                             建一个File类的对象
File f2=new File("sjzlg","hlw");
System.out.println("mkdir():" +f2.mkdir()); //在sjzlg文件夹中创建hlw文件夹
```

小技巧

要实现上述功能，还可以使用 mkdirs() 方法，该方法一次可以创建多级文件夹。关键代码如下所示。

```
File f3=new File("sjzlg\\hlw");
f3.mkdirs();
```

【示例 8-16】在当前项目目录 sjzlg\hlw 文件夹中创建文本文件 lgxy.txt。

```
package com.sjzlg.file;
import java.io.File;
import java.io.IOException;
public class FileCreateDemo{
    public static void main(String[]args) throws IOException{
        File f=new File("sjzlg\\hlw\\lgxy.txt");
        System.out.println("createNewFile():"+f.createNewFile());
    }
}
```

运行程序，对项目进行刷新，在项目 sjzlg\hlw 文件夹中会创建文本文件 lgxy.txt，项目目录如图 8-26 所示。

运行结果如图 8-27 所示。

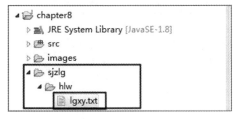

图 8-26 项目目录

图 8-27 运行结果

从图 8-27 可以看出文件创建成功返回 true，否则返回 false。

2．判断文件、目录的属性

【示例 8-17】判断当前项目目录 sjzlg\hlw 文件夹中文本文件 lgxy.txt 的一些属性，具体包括：该文件是否存在、是文件还是目录、文件是否可读可写、是否为隐藏文件。

```
package com.sjzlg.file;
import java.io.File;
public class PropertiesPanduanDemo{
    public static void main(String[]args){
        File f=new File("sjzlg\\hlw\\lgxy.txt");
        System.out.println("exists():" +f.exists());
        System.out.println("isFile():" +f.isFile());
        System.out.println("isDirectory():" +f.isDirectory());
        System.out.println("canRead():" +f.canRead());
        System.out.println("canWrite():" +f.canWrite());
        System.out.println("isHidden():" +f.isHidden());
    }
}
```

运行结果如图 8-28 所示。

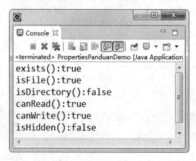

图 8-28　运行结果

通过图 8-28 可以看出，当前项目目录 sjzlg\hlw 文件夹中文本文件 lgxy.txt 存在、是文件而不是目录、文件可读可写、不是隐藏文件。

3．获取

【示例 8-18】获取当前项目目录 sjzlg\hlw 文件夹中文本文件 lgxy.txt 的一些属性，具体包括：文件名称、父目录、相对路径、绝对路径、长度、最后一次被修改的时间。

```
package com.sjzlg.file;
import java.io.File;
public class PropertiesHuoquDemo{
    public static void main(String[]args){
        File f=new File("sjzlg\\hlw\\lgxy.txt");
        System.out.println("getName():" +f.getName());
        System.out.println("getParent():"+f.getParent());
        System.out.println("getPath():" +f.getPath());
        System.out.println("getAbsolutePath():" +f.getAbsolutePath());
        System.out.println("length:" +f.length());
        System.out.println("lastModified:" +f.lastModified());
    }
}
```

运行结果如图 8-29 所示。

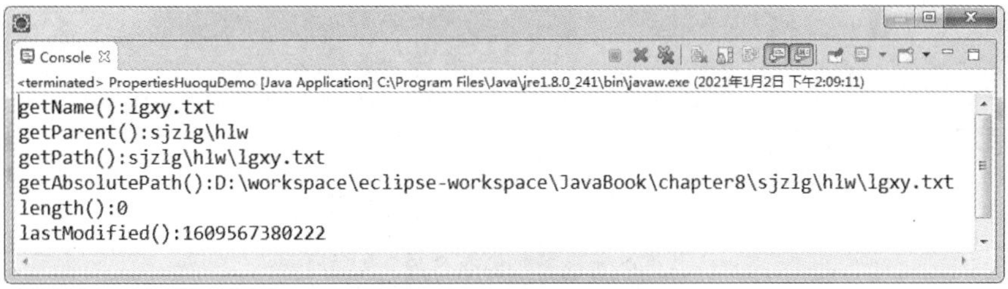

图 8-29 运行结果

从图 8-29 可以看出，通过程序获取了文件的名称、父目录、相对路径、绝对路径、长度、最后一次被修改的时间。因为文件 lgxy.txt 是新建的空文件，所以长度为 0。最后一次被修改的时间的返回值并不是人们习惯的时间格式，而是一个与时间有关的 long 型的值。如果希望获得人们习惯的时间格式，可以使用下面的代码进行转换。

```
//1596966619083
Date d=new Date(1596966619083L);
SimpleDateFormat sdf=new SimpleDateFormat("yyyy-MM-dd HH:mm:ss");
String s=sdf.format(d);
System.out.println(s);
```

效果如图 8-30 所示。

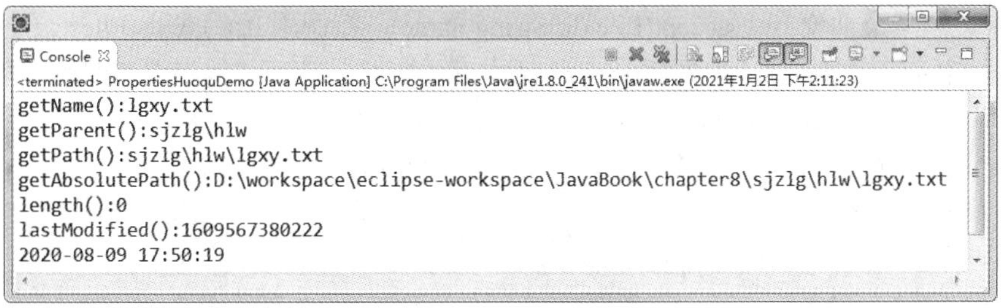

图 8-30 时间格式转换效果

4. 高级获取

【示例 8-19】获取 C:\sjzlg 目录下的所有文件或者文件夹。

```java
package com.sjzlg.file;
import java.io.File;
public class GaojiHuoquDemo{
    public static void main(String[]args){
        //方法一
        // 指定 C:\sjzlg 目录
        File f=new File("C:\\sjzlg\\");
        //String[]list():返回一个字符串数组
        String[]strfiles=f.list();
        for(String s:strfiles){
            System.out.println(s);
        }
        System.out.println("==================");
        //方法二
        //File[]listFiles():返回一个 File 类型的数组
        File[]files=f.listFiles();
        for(File file:files){
            System.out.println(file.getName());
```

            }
        }
    }

运行结果如图 8-31 所示。

图 8-31 运行结果

从图 8-31 可以看出，使用 String[]list()和 File[]listFiles()都可以实现示例 8-19 所要求的功能。然而有时程序只需要得到指定类型的文件，如获取指定目录下所有的.txt 文件。针对这种需求，File 类中提供了两个重载的方法，分别是 String[]list(FilenameFilter filter)和 File[]listFiles(FilenameFilter filter)方法，这两个方法都接收一个 FilenameFilter 类型的参数。FilenameFilter 是一个接口，被称作文件过滤器，当中定义了一个抽象方法 accept(File dir,String name)。在调用 list()或 listFiles()方法时，需要实现文件过滤器 FilenameFilter()，并在 accept()方法中做出判断，从而获得指定类型的文件。

下面通过示例 8-20 来学习获取 C:\sjzlg 目录下所有扩展名为.txt 的文件。

【示例 8-20】获取 C:\sjzlg 目录下所有扩展名为.txt 的文件。

```java
package com.sjzlg.file;
import java.io.File;
import java.io.FilenameFilter;
public class SpecifyFileHuoquDemo{
public static void main(String[]args){
    // 创建File对象封装C:\sjzlg目录
    File file=new File("C:\\sjzlg");
    // 方法一
    public String[]list(FilenameFilter filter)
    String[]strfiles=file.list(new FilenameFilter(){
        @Override
        public boolean accept(File dir,String name){
            return new File(dir,name).isFile()&&name.endsWith(".txt");
        }
    });
    // 循环输出
    for(String string:strfiles){
        System.out.println(string);
    }
    System.out.println("=============");
    // 方法二
    File[]listFiles(FilenameFilter filter)
    File[]files=file.listFiles(new FilenameFilter(){
        @Override
        public boolean accept(File dir,String name){
            return new File(dir,name).isFile()&&name.endsWith(".txt");
        }
```

```
        });
        // 循环输出
        for(File fl:files){
            System.out.println(fl.getName());
        }
    }
}
```
运行结果如图 8-32 所示。

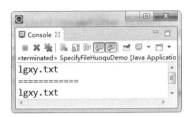

图 8-32　运行结果

从图 8-32 可以看出，使用 String[]list(FilenameFilter filter)和 File[]listFiles(FilenameFilter filter)方法都可以实现示例 8-20 所要求的功能。

通常在一个目录下，除了文件，还有子目录，如果想得到所有子目录下的文件，使用 File 类提供的 listFiles()方法就比较方便。listFiles()方法用于返回一个 File 对象数组，当对数组中的元素进行遍历时，如果元素中还有子目录需要遍历，则需要使用递归。下面通过示例 8-21 来实现遍历指定目录下的文件。

【示例 8-21】遍历 C:\sjzlg 目录下的所有文件和文件夹（包括子目录下的文件和文件夹）。

```
package com.sjzlg.file;
import java.io.File;
public class BianliDemo{
    public static void main(String[]args){
        File f=new File("C:\\sjzlg");
        subFile(f);//调用 subFile(File path)方法
    }
    public static void subFile(File path){
        File[]fs=path.listFiles();
        for(File fl:fs){
            if(fl.isDirectory()){
                subFile(fl);//如果是目录，递归调用 subFile(File path)方法
            }
            System.out.println(fl.getAbsolutePath());
        }
    }
}
```
运行结果如图 8-33 所示。

图 8-33　运行结果

从图 8-33 可以看出，sjzlg 文件夹中有 3 个子文件夹，分别是 hlw、jkgl、qc，还有一个 lgxy.txt 文件，在子文件夹 hlw 中，有一个 hlw.txt 文件。这与实际的目录结构一致，示例 8-21 成功地遍历了 C:\sjzlg 目录下的所有文件和文件夹，包括子目录下的文件和文件夹。

5. 删除

【示例 8-22】删除 hlw 文件夹（该文件夹下有一个 hlw.txt 文件）。

```
package com.sjzlg.file;
import java.io.File;
public class DeleteDemo{
    public static void main(String[]args){
        File f=new File("C:\\sjzlg\\hlw");
        if(f.exists()){
            System.out.println(f.delete());
        }
    }
}
```

运行结果如图 8-34 所示。

图 8-34　运行结果

从图 8-34 可以看出，f.delete() 返回的是 false，表示文件夹没有删除成功。这是因为 File 类的 delete() 方法只能删除指定的文件或者文件夹，如果删除的是文件夹，并且文件夹下还包含子文件夹或者文件，则 File 类的 delete() 方法不会直接将这个目录删除，需要先将整个文件夹下的其他文件及其子文件夹全部删除。下面对示例 8-22 进行修改，以实现所要求的功能。

【示例 8-23】改进示例 8-22，实现删除 hlw 文件夹（该文件夹下有一个 hlw.txt 文件）。

```
package com.sjzlg.file;
import java.io.File;
public class DeleteImproveDemo{
    public static void main(String[]args){
        File f=new File("C:\\sjzlg\\hlw");
        if(f.exists()&&f.isDirectory()){
            System.out.println("开始删除...");
            delPath(f);
            System.out.println("删除成功! ");
        }else{
            System.out.println("文件夹不存在");
        }
    }
    public static void delPath(File path){
        File[]fs=path.listFiles();
        for(File fl:fs){
            if(fl.isDirectory()){
                delPath(fl);// 如果是目录, 递归调用delPath(File path)方法
                System.out.println(fl.getAbsolutePath()+ "目录已删除! ");
            }else{
```

```
                    fl.delete();// 如果是文件，直接删除该文件
                    System.out.println(fl.getAbsolutePath()+ "文件已删除! ");
            }
        }
        //文件夹中的所有文件及其子文件夹都已删除，这时文件夹可以删除了
        path.delete();
        System.out.println(path.getAbsolutePath()+ "已删除! ");
    }
}
```

运行结果如图 8-35 所示。

图 8-35　运行结果

整个文件夹下的其他文件及其子文件夹的删除是通过递归方式实现的，递归的具体实现方式和示例 8-21 类似。

小提示　　在 Java 中删除目录是从 JVM 直接删除而不是先放入回收站，文件一旦删除就无法恢复，因此在进行删除操作时要慎重。

本章小结

本章主要介绍了 Java I/O 流和 File 类的相关内容。本章首先介绍了 I/O 流的相关知识，然后分别介绍了通过字节流与字符流读写磁盘上的文件，接下来介绍了 File 类的相关知识及 File 类的对象对本地文件系统的常见操作。最后，通过两个上机实战任务进一步深入学习 I/O 流和 File 类的实际应用。通过本章的学习，读者可以学会使用字节流读写文件、使用字符流读写文件及使用 File 类访问文件系统。

练习题

一、选择题

1. 按照数据传输方向的不同，数据流可以分为两种，它们是（　　）。
   A. 输入流　　　　B. 输出流　　　　C. A 和 B　　　　D. 字节流
2. 用来读取字符流的类是（　　）。
   A. InputSream　　B. OutputStream　　C. Reader　　　　D. Writer
3. Writer 的 write(int ch)的作用是（　　）。
   A. 将对应于整型实参 ch 的 2 个低位字节的字符写入

B. 写入字符串 ch
　　C. 将字符数组 ch 的内容写入
　　D. 这是一个抽象方法，从 ch 开始将方法中的全部字符写入
4. 下列是 FileReader 文件的创建语句的是（　　）。
　　A. FileReader(File file)　　　　　　B. read()
　　C. FileWreter(File file)　　　　　　D. ready()
5. File 类的 mkdir()方法的返回值的类型是（　　）。
　　A. boolean　　　B. int　　　C. String　　　D. Integer
6. FileReader 的父类是（　　）。
　　A. BufferedReader　B. LineReader　C. FilterReader　D. Reader
7. FileWriter 类的 write(int c)方法的作用是（　　）。
　　A. 写入一个字符　　　　　　　　B. 写入一个字符串
　　C. 写入一个整型数据　　　　　　D. 写出一个字符串
8. File 类的 public File[]listFiles()方法的作用是（　　）。
　　A. 返回文件和目录清单（File 对象）
　　B. 返回文件和目录清单（字符串对象）
　　C. 在当前目录下生成指定的目录
　　D. 判断该 File 对象所对应的是否为文件
9. 当输入的数字是 8 时，输出的结果是（　　）。

```
import java.io.*;
public class Test2{
    public static void main(String args[])throws Exception{
        int a=4;
        BufferedReader br=new BufferedReader(new InputStreamReader(System.in));
        System.out.println("请输入一个数字");
        String input=br.readLine();
        int b=Integer.parseInt(input);
        if(b>a){
            int sum=b/a;
            System.out.println(sum);
        }else{
            System.out.println("输入错误");
        }
    }
}
```

　　A. 4　　　　　B. 2　　　　　C. 6　　　　　D. 8
10. BufferedReader 类的（　　）方法能够读取文件中的一行。
　　A. readLine()　　B. read()　　C. line()　　D. close()

二、填空题

1. 在 Java 中，类 InputStream 定义了 public int read()、public int read(_____)、public int read(_____,int off,_____)，它们是 read()方法的 3 种形式，第一种形式实现的是从_____读取一个字节的数据，然后将其作为一个_____类型的整数保存起来。后两种形式返回的都是读取的_____。

2. Java 中的流类包含 InputStream、_____、Reader、_____4 类，前两者面向字节，称

为_____；后两者面向_____，称为字符流类。

3. public int read()方法从输入流的当前位置读取一个_____的数据，并返回一个_____型值，如果当前位置没有数据则返回-1。该方法为抽象方法，由子类来具体实现。

三、问答题

1. 简述类 OutputStream 的几个方法及其作用。
2. Java 是否可以读入和写出文本格式的文件？如果可以，使用什么类？
3. Java 流被分为字节流、字符流两大类，两者有什么区别？

上机实战

实战 8-1 将输入的课程信息存储到磁盘文件

? 需求说明

课程包含课程编号、课程名称、课程价格、主讲教师、课程概况、课程学时等信息，当输入的内容为 end 时，将输入的课程信息分别封装到 Course 对象中，再将 Course 对象添加到一个集合中，最后遍历集合，将集合中的课程信息写入文本文件 courseonline.txt 中，每门课程数据单独占一行。编程实现运行结果如图 8-36 所示。存储到文本文件中的课程信息如图 8-37 所示。

图 8-36 运行结果

图 8-37 文本文件中的课程信息

? 实现思路

（1）新建 Course 类，编写相关属性。Course 类需实现 Serializable 接口，使接口具备序列化的能力。

（2）新建 SaveCourse 测试类，编写 addCourseSet()方法，用于从键盘获取课程信息，并将课程信息封装成 Course 对象添加到 HashSet 集合中。

（3）在测试类 SaveCourse 中编写 saveCourseInfo(Set<Course>courseSet)方法以将集合中的 Course 对象类型转换成 String 型存储到磁盘文件中。

实战 8-1 参考解决方案

参考解决方案可以在配套资源中获取或扫描二维码查看。

实战 8-2 简易文件搜索程序

❓ 需求说明

编写一个文件搜索程序，主要实现两种搜索功能。第一种，可以根据用户提供的搜索目录和搜索关键字，找到用户指定目录下包含指定关键字的文件，将它们的绝对路径输出。第二种，可以根据用户提供的搜索目录和文件扩展名（可输入由 | 分割的多个扩展名，来实现同时对不同类型文件的搜索），找到用户指定目录下指定扩展名的文件，将它们的绝对路径输出。编程实现运行结果如图 8-38 所示。

图 8-38 运行结果

sjzlg 文件夹中有三个子文件夹分别是 hlw、jkgl、qc，还有两个文件分别是 lgxy.txt 文件、壁纸.jpg 文件。在子文件夹 hlw 中，有一个 hlw.txt 文件。

❓ 实现思路

（1）根据需求说明，首先需要创建一个文件搜索类。可以在类中使用 while 循环实现控制台中操作指令的多次输入，并使用 switch 语句根据控制台输入的操作指令来判断执行什么操作。

（2）执行指令 1 时，代表"指定关键字搜索文件"，即在目录下查找文件名中包含关键字的文件。执行时可先从控制台获取目录和关键字，然后将其传到后台的方法中，后台可将传入的关键字利用过滤器制定成"规则"，通过递归的方式遍历文件夹，在每个子文件夹下调用过滤器，来获取符合规则的文件路径的集合，并将集合返回，最后输出。

（3）执行指令 2 时，代表"指定扩展名搜索文件"，即在目录下查找名称结尾是指定扩展名的文件。执行时，可以先从控制台获取目录和扩展名，然后将扩展名拆分成数组，并将数组和目录传到后台方法中，后台可用过滤器将扩展名数组循环遍历，制定成"规则"，通过递归的方式遍历文件夹，在每个子文件夹下调用过滤器，来获取符合规则的文件路径的集合，并将集合返回，最后输出。

（4）执行指令 3 时，执行退出该程序的操作，该操作可以通过 System.exit(0) 来实现。

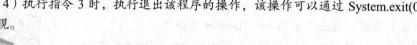

参考解决方案可以在配套资源中获取或扫描二维码查看。

实战 8-2 参考解决方案

第 9 章　数据库编程

本章目标
- 了解 JDBC 的概念。
- 会使用 JDBC 的常用 API。
- 会使用 JDBC 操作数据库。

在软件开发过程中，经常要使用数据库来存储和管理数据。为了在 Java 中提供对数据库访问的支持，Sun 公司于 1996 年提供了一套访问数据库的标准 Java 类库，即 JDBC。本章将主要围绕 JDBC 的常用 API、JDBC 基本操作等进行详细的讲解。

9.1　什么是 JDBC

JDBC 的全称是 Java 数据库连接（Java Database Connectivity），它有一套用于执行 SQL 语句的 Java API。应用程序可通过这套 API 连接到关系数据库，并使用 SQL 语句来完成对数据库中数据的查询、新增、更新和删除等操作。

不同种类的数据库（如 MySQL、Oracle 等），其内部处理数据的方式是不同的，如果直接使用数据库厂商提供的访问接口操作数据库，应用程序的可移植性就会变得很差。有了 JDBC 后，这种情况就不复存在了，因为它要求各个数据库厂商按照统一的规范来提供数据库驱动，在程序中由 JDBC 和具体的数据库驱动联系，所以用户不必直接与底层的数据库交互，使得代码的通用性更强。

应用程序使用 JDBC 访问数据库的方式如图 9-1 所示。

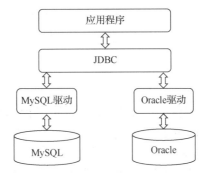

图 9-1　应用程序使用 JDBC 访问数据库的方式

从图 9-1 中可以看出，JDBC 在应用程序与数据库之间起到了"桥梁"作用。当应用程序使用 JDBC 访问特定的数据库时，需要通过不同的数据库驱动与不同的数据库进行连接，连接后即可对该数据库进行相应的操作。

9.2 JDBC 的常用 API

在开发 JDBC 程序前，需要先了解一下 JDBC 的常用 API。JDBC 的 API 主要位于 java.sql 包中，该包定义了一系列访问数据库的接口和类。本节将对该包内常用的接口和类进行详细讲解。

9.2.1 Driver 接口

Driver 接口是所有 JDBC 驱动程序必须实现的接口。该接口专门提供给数据库厂商使用。需要注意的是，在编写 JDBC 程序时，必须把所使用的数据库驱动程序或类库加载到项目的类路径（classpath）中（这里指 MySQL 驱动 JAR 包）。

9.2.2 DriverManager 类

DriverManager 类用于加载 JDBC 驱动并且创建与数据库的连接。在 DriverManager 类中，定义了两个比较重要的静态方法，如表 9-1 所示。

表 9–1　DriverManager 类的方法

方法	功能描述
static void registerDriver(Driver driver)	该方法用于在 DriverManager 中注册给定的 JDBC 驱动程序
static Connection getConnection(String url,String user,String pwd)	该方法用于建立和数据库的连接，并返回表示连接的 Connection 对象

9.2.3 Connection 接口

Connection 接口代表 Java 程序和数据库的连接，只有获得该连接对象后，才能访问数据库，并操作数据表。Connection 接口中定义了一系列方法，其中的常用方法如表 9-2 所示。

表 9–2　Connection 接口中的常用方法

方法	功能描述
DatabaseMetaData.getMetaData()	该方法用于返回表示数据库的元数据的 DatabaseMetaData 对象
Statement createStatement()	用于创建一个 Statement 对象来将 SQL 语句发送到数据库
PreparedStatement prepareStatement(String sql)	用于创建一个 PreparedStatement 对象来将参数化的 SQL 语句发送到数据库
CallableStatement prepareCall(String sql)	用于创建一个 CallableStatement 对象来调用数据库存储

9.2.4 Statement 接口

Statement 接口用于执行静态的 SQL 语句，并返回一个结果对象。Statement 接口对象可以通过 Connection 接口的 createStatement()方法获得，该对象会把静态的 SQL 语句发送到数据库中编译并执行，然后返回数据库的处理结果。

在 Statement 接口中，提供了 3 个常用的执行 SQL 语句的方法，具体如表 9-3 所示。

表 9–3　Statement 接口中的方法

方法	功能描述
Boolean execute(String sql)	用于执行各种 SQL 语句，该方法会返回一个 boolean 型的值，如果为 true，表示所执行的 SQL 语句有查询结果，可通过 Statement 的 getResultSet()方法获得查询结果
Int executeUpdate(String sql)	用于执行 SQL 中的 insert、update 和 delete 语句，该方法会返回一个 int 型的值，表示数据库中受该 SQL 语句影响的记录条数
ResultSet executeQuery(String sql)	用于执行 SQL 中的 select 语句，该方法会返回一个表示查询结果的 ResultSet 对象

9.2.5　PreparedStatement 接口

Statement 接口封装了 JDBC 执行 SQL 语句的方法，可以实现 Java 程序执行 SQL 语句的操作。然而在实际开发的过程中往往需要将程序中的变量作为 SQL 语句的查询条件，而使用 Statement 接口操作这些 SQL 语句会过于烦琐，并且存在安全方面的问题。针对这一问题，JDBC 的 API 中提供了扩展的 PreparedStatement 接口。

PreparedStatement 是 Statement 的子接口，用于执行预编译的 SQL 语句。该接口扩展了带有参数的 SQL 语句的执行操作，应用该接口中的 SQL 语句时可以使用占位符"?"来代替其参数，然后通过 setXxx()方法为 SQL 语句的参数赋值。PreparedStatement 接口提供了一些常用方法，具体如表 9-4 所示。

表 9–4　PreparedStatement 接口中的常用方法

方法	功能描述
int executeUpdate()	在此 PreparedStatement 对象中执行 SQL 语句，该语句必须是一个 DML 语句或者是无返回内容的 SQL 语句，如 DDL 语句
ResultSet executeQuery()	在此 PreparedStatement 对象中执行 SQL 查询，该方法返回的是 ResultSet 对象
void setInt(int parameterIndex,int x)	将指定参数设置为给定的 int 型值
void setFloat(int parameterIndex,float x)	将指定参数设置为给定的 float 型值
void setString(int parameterIndex,String x)	将指定参数设置为给定的 String 型值
void setDate(int parameterIndex,Date x)	将指定参数设置为给定的 Date 型值
void addBatch()	将一组参数添加到此 PreparedStatement 对象的批处理命令中
void setCharacterStream(int parameterIndex, java.io.Reader reader,int length)	将指定的输入流数据写入数据库的文本字段
void setBinaryStream(int parameterIndex, java.io.InputStream x,int length)	将二进制的输入流数据写入二进制字段中

需要注意的是，表 9-4 中的 setDate()方法可以设置日期内容，但参数 Date 的类型是 java.sql.Date，而不是 java.util.Date。

在通过 setXxx()方法为 SQL 语句中的参数赋值时，可以通过输入与 SQL 类型相匹配的参数实现。例如，如果参数具有的 SQL 类型为 Integer，那么应该使用 setInt()方法。也可以通过 setObject()方法设置多种类型的输入参数，具体如下所示。

```
String sql="INSERT INTO users(id,name,email) values(?,?,?)";
PreparedStatement preStmt=conn.prepareStatement(sql);
preStmt.setInt(1,1);      //使用参数的已定义 SQL 类型
preStmt.setString(2, "zhangsan");   //使用参数的已定义 SQL 类型
preStmt.setObject(3, "zs@sina.com");  //使用 setObject()方法设置参数
preStmt.executeUpdate();
```

9.2.6 ResultSet 接口

ResultSet 接口用于保存 JDBC 执行查询时返回的结果集，该结果集封装在一个逻辑表格中。在 ResultSet 接口内部有一个指向表格数据行的游标（或指针）。ResultSet 对象初始化时，游标在表格的第一行之前，调用 next()方法可将游标移动到下一行。如果下一行没有数据，则返回 false。在应用程序中经常使用 next()方法作为 while 循环的条件来迭代 ResultSet 接口中的结果集。

ResultSet 接口中的常用方法如表 9-5 所示。

表 9–5 ResultSet 接口中的常用方法

方法	功能描述
String getString(int columnIndex)	用于获取指定字段的 String 型的值，参数 columnIndex 代表字段的索引
String getString(String columnName)	用于获取指定字段的 String 型的值，参数 columnName 代表字段的名称
int getInt(int columnIndex)	用于获取指定字段的 int 型的值，参数 columnIndex 代表字段的索引
int getInt(int columnName)	用于获取指定字段的 int 型的值，参数 columnName 代表字段的名称
Date getDate(int columnIndex)	用于获取指定字段的 Date 型的值，参数 columnIndex 代表字段的索引
Date getDate(String columnName)	用于获取指定字段的 Date 型的值，参数 columnName 代表字段的名称
boolean next()	将游标从当前位置向下移一行
boolean absolute(int row)	将游标移动到此 ResultSet 对象的指定行
void afterLast()	将游标移动到此 ResultSet 对象的末尾，即最后一行之后
void beforeFirst()	将游标移动到此 ResultSet 对象的开头，即第一行之前
boolean previous()	将游标移动到此 ResultSet 对象的上一行
boolean last()	将游标移动到此 ResultSet 对象的最后一行

从表 9-5 中可以看出，ResultSet 接口中定义了大量的 getXxx()方法，而采用哪种 getXxx()方法取决于字段的数据类型。程序既可以通过字段的名称来获取指定数据，也可以通过字段的索引来获取指定数据。字段的索引从 1 开始编号。例如，数据表的第一列字段名为 id，字段类型为 int，那么既可以使用 getInt(1)获取该列的值，也可以使用 getInt("id")获取该列的值。

9.3 实现第一个 JDBC 程序

通过对 9.1 节和 9.2 节的学习，读者对 JDBC 及其常用 API 已经有了大致的了解。接下来本节将讲解如何使用 JDBC 的常用 API 实现一个 JDBC 程序。

1. 实现步骤

通常，JDBC 的使用可以按照以下步骤进行。
（1）使用如下命令加载并注册数据库驱动：

```
DriverManager.registerDriver(Driver driver);
```

或

```
Class.forName("DriverName");
```

（2）通过 DriverManager 获取数据库连接。

获取数据库连接的具体方式如下。

```
Connection conn=DriverManager.getConnection(String url,String user,String pwd);
```

从上述代码可以看出，getConnection()方法中有 3 个参数，它们分别表示连接数据库的地址、登录数据库的用户名和密码。以 MySQL 数据库为例，其地址的书写格式如下。

```
jdbc:mysql://hostname:port/databasename
```

其中，jdbc:mysql:是固定的写法，mysql 指的是 MySQL 数据库，Hostname 指的是主机的名称（如果数据库在本机中，hostname 可以为 localhost 或 127.0.0.1；如果要连接的数据库在其他计算机上，hostname 为所要连接计算机的 IP 地址），port 指的是连接数据库的端口号（MySQL 端口号默认为 3306），databasename 指的是 MySQL 中相应数据库的名称。

（3）通过 Connection 对象获取 Statement 对象。

Connection 对象获取 Statement 对象的方式有以下 3 种。

- createStatement()：创建基本的 Statement 对象。
- preparedStatement()：创建 PreparedStatement 对象。
- prepareCall()：创建 CallableStatement 对象。

以创建基本的 Statement 对象为例，创建方式如下。

```
Statement stmt=conn.createStatement();
```

（4）使用 Statement 执行 SQL 语句。所有的 Statement 都有如下 3 种执行 SQL 语句的方法。

- execute()：可以执行任何 SQL 语句。
- executeQuery()：通常执行查询语句，执行后返回代表结果集的 ResultSet 对象。
- executeUpdate()：主要用于执行 DML 和 DDL 语句。执行 DML 语句（如 INSERT、UPDATE 或 DELETE）时返回受 SQL 语句影响的行数；执行 DDL 语句时返回 0。

以 executeQuery()方法为例，其使用方式如下。

```
//执行 SQL 语句，获取结果集 ResultSet
ResultSet rs=stmt.executeQuery(sql);
```

（5）操作 ResultSet 结果集。如果执行的 SQL 语句是查询语句，执行结果将返回一个 ResultSet 对象，该对象中保存了 SQL 语句查询的结果。程序可以通过操作该 ResultSet 对象来获取查询结果。

（6）关闭连接，释放资源。每次操作数据库结束后都要关闭数据库连接，释放资源，包括释放 ResultSet、Statement 和 Connection 等占用的资源。

至此，JDBC 程序的大致实现步骤已经讲解完成。

2. JDBC 的使用

接下来，依照上面所讲解的步骤来演示 JDBC 的使用。该程序从 users 表中读取数据，并将结果输出在控制台，具体步骤如下。

（1）搭建数据库环境

在 MySQL 中创建一个名称为 test 的数据库，然后在该数据库中创建一个 users 表，创建数据库和表的 SQL 语句如下。

```
CREATE DATABASE test;
USE test;
CREATE TABLE'users' (
  'id'int(11)NOT NULL AUTO_INCREMENT,
  'name'varchar(40)DEFAULT NULL,
  'password'varchar(40)DEFAULT NULL,
```

```
  'email'varchar(60) DEFAULT NULL,
  'birthday'date DEFAULT NULL,
 PRIMARY KEY('id')
);
```
数据库和表创建成功后，再向 users 表中插入 3 条记录，插入记录的 SQL 语句如下。
```
INSERT INTO'users'VALUES('1', 'zs', '123456', 'zs@163.com', '2000-10-02');
INSERT INTO'users'VALUES('2', 'lisi', '123456', 'lisi@163.com', '2001-04-16');
INSERT INTO'users'VALUES('3', 'wu', '123456', 'wang@163.com', '2001-09-12');
```
为了查看数据是否添加成功，使用 Navicat 查询 users 表中的数据，如图 9-2 所示。

（2）新建项目，导入数据库驱动

在 Eclipse 中新建一个名称为 chap09 的 Java 项目，使用鼠标右击项目名称，然后选择【New】→【Folder】，在弹出的窗口中将该文件夹命名为 lib 并单击【Finish】按钮，此时项目根目录中就会出现一个名称为 lib 的文件夹。将下载好的 MySQL 数据库驱动文件 mysql-connector-java-5.1.0-bin.jar 复制到项目的 lib 目录中，并使用鼠标右击该 JAR 包，在弹出的窗口中选择【Build Path】→【Add to Build Path】，此时 Eclipse 会将该 JAR 包发布到类路径下（MySQL 驱动文件可以在其官网地址中下载）。加入驱动的项目结构如图 9-3 所示。

图 9-2　users 表中的数据

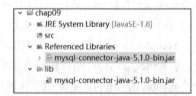

图 9-3　项目结构

（3）编写 JDBC 程序

在项目 chap09 的 src 目录下，新建一个名称为 com.sjzlg.jdbc 的包，在该包中创建类 Example01。该类用于读取数据库中的 users 表，并将结果输出到控制台，如示例 9-1 所示。

【示例 9-1】读取 users 表数据。
```
package com.sjzlg.jdbc;
import java.sql.Connection;
import java.sql.Date;
import java.sql.DriverManager;
import java.sql.ResultSet;
import java.sql.SQLException;
import java.sql.Statement;
public class Example01{
    public static void main(String[]args){
    Statement stmt=null;
    ResultSet rs=null;
    Connection conn=null;
    try{
        //注册数据库的驱动
        Class.forName("com.mysql.jdbc.Driver");
        //通过 DriverManager 获取数据库连接
        String url="jdbc:mysql://localhost:3306/test";
        String username="root";
        String password="1234";
```

```java
            conn=DriverManager.getConnection(url,username,password);
            //通过 Connection 对象获取 Statement 对象
            stmt=conn.createStatement();
            //使用 Statement 执行 SQL 语句
            String sql="select*from users";
            rs=stmt.executeQuery(sql);
            //操作结果集
            System.out.println("id  |  name    |  password  |"
                    +"  email      |  birthday");
            while(rs.next()){
                int id=rs.getInt("id");//通过列名获取指定字段的值
                String name=rs.getString("name");
                String psw=rs.getString("password");
                String email=rs.getString("email");
                Date birthday=rs.getDate("birthday");
                System.out.println(id+"  |  "+name+"  |  "+password+"  |  "
                    + email+"  |  "+birthday);
            }
        }catch(Exception e){
            e.printStackTrace();
        }finally{
            //回收数据库资源
            if(rs!=null){
                try{
                    rs.close();
                }catch(SQLException e){
                    e.printStackTrace();
                }
                rs=null;
            }
            if(stmt!=null){
                try{
                    stmt.close();
                }catch(SQLException e){
                    e.printStackTrace();
                }
                stmt=null;
            }
            if(conn!=null){
                try{
                    conn.close();
                }catch(SQLException e){
                    e.printStackTrace();
                }
                conn=null;
            }
        }
    }
}
```

示例 9-1 中，首先注册了 MySQL 数据库驱动，通过 DriverManager 获取了一个 Connection 对象，然后使用 Connection 对象创建了一个 Statement 对象。Statement 对象通过 executeQuery()方法执行 SQL 语句，并返回结果集，接着，通过遍历结果集得到最终的查询结果，最后关闭连接，回收了数据库资源。程序执行成功后，控制台的运行结果如图 9-4 所示。

```
 Console
 <terminated> Example01 (1) [Java Application] D:\Program Files\Java\jre1.8.0_181\bin\javaw.exe (2020年8月25日 上午8:53:14)
id    | name    | password    | email             | birthday
1     | zs      |     1234    | zs@163.com        | 2000-10-02
2     | lisi    |     1234    | lisi@163.com      | 2001-04-16
3     | wu      |     1234    | wang@163.com      | 2001-09-12
```

图 9-4 运行结果

从图 9-4 中可以看到，users 表中的数据已被显示在控制台，至此第一个 JDBC 程序实现成功。

小提示

在实现第一个 JDBC 程序时，还有两点需要注意，具体如下。

（1）注册驱动。虽然使用 DriverManager.register(new com.mysql.jdbc.Driver())方法也可以完成注册，但此方式会使数据库驱动被注册两次。这是因为 Driver 类的源代码已经在静态代码块中完成了数据库驱动的注册。所以，为了避免数据库驱动被重复注册，只需要在程序中使用 Class.forName()方法加载驱动类即可。

（2）释放资源。由于数据库资源非常宝贵，数据库允许的并发访问连接数量有限，因此，数据库资源使用完毕后，一定要记得释放资源。为了保证资源的释放，在 Java 程序中，应该将释放资源的操作放在 finally 代码块中。

9.4 PreparedStatement 对象

在示例 9-1 中，SQL 语句的执行是通过 Statement 对象实现的。Statement 对象每次执行 SQL 语句时，都会对其进行编译。当相同的 SQL 语句被执行多次时，Statement 对象就会使数据库频繁编译相同的 SQL 语句，从而降低数据库的访问效率。

为了解决上述问题，Statement 提供了 PreparedStatement 对象。PreparedStatement 对象可以对 SQL 语句进行预编译，预编译的信息会存储在 PreparedStatement 对象中。当相同的 SQL 语句再次执行时，程序会使用 PreparedStatement 对象中的数据，而不需要通过对 SQL 语句再次编译来查询数据库，这样就大大提高了数据的访问效率。为了使读者快速了解 PreparedStatement 对象，接下来，通过示例 9-2 来演示 PreparedStatement 对象的使用。

【示例 9-2】使用 PreparedStatement 对象对数据库进行插入数据的操作。

```
package com.sjzlg.jdbc;
import java.sql.Connection;
import java.sql.DriverManager;
import java.sql.PreparedStatement;
import java.sql.SQLException;
public class Example02{
    public static void main(String[]args){
    Connection conn=null;
    PreparedStatement preStmt=null;
        try{
            // 注册数据库的驱动
            Class.forName("com.mysql.jdbc.Driver");
            // 通过 DriverManager 获取数据库连接
```

```java
            String url="jdbc:mysql://localhost:3306/test";
            String username="root";
            String password="1234";
            conn=DriverManager.getConnection(url,username,password);
            // 执行的SQL语句
            String sql="INSERT INTO users(name,password,email,birthday)"
                    +"VALUES(?,?,?,?)";
            //创建执行SQL语句的PreparedStatement对象
            preStmt=conn.prepareStatement(sql);
            //为SQL语句中的参数赋值
            preStmt.setString(1, "zl");
            preStmt.setString(2, "123456");
            preStmt.setString(3, "zl@163.com");
            preStmt.setString(4, "2001-12-23");
            //执行SQL语句
            preStmt.executeUpdate();
        }catch(Exception e){
            e.printStackTrace();
        }finally{    //释放资源
            if(preStmt!=null){
                try{
                    preStmt.close();
                }catch(SQLException e){
                    e.printStackTrace();
                }
                preStmt=null;
            }
            if(conn!=null){
                try{
                    conn.close();
                }catch(SQLException e){
                    e.printStackTrace();
                }
                conn=null;
            }
        }
    }
}
```

示例 9-2 中，首先通过 Connection 对象的 prepareStatement()方法生成 PreparedStatement 对象，然后调用 PreparedStatement 对象的 setXxx()方法，给 SQL 语句中的参数赋值，最后通过调用 executeUpdate()方法执行 SQL 语句。

示例 9-2 运行成功后，会在 users 表中插入一条数据。再次调用 Example01.java，读取 users 表中的数据，如图 9-5 所示。

```
Console
<terminated> Example01 (1) [Java Application] D:\Program Files\Java\jre1.8.0_181\bin\javaw.exe (2020年8月25日 上午11:55:24)
id    | name   | password | email          | birthday
1     | zs     | 1234     | zs@163.com     | 2000-10-02
2     | lisi   | 1234     | lisi@163.com   | 2001-04-16
3     | wu     | 1234     | wang@163.com   | 2001-09-12
4     | zl     | 1234     | zl@163.com     | 2001-12-23
```

图 9-5 users 表中的数据

从图 9-5 中可以看出，users 表中多了一条 name 为 zl 的数据，这说明使用 PreparedStatement 对象从数据库插入数据的操作执行成功。

9.5 ResultSet 对象

ResultSet 主要用于存储结果集，可以通过 next()方法由前向后逐个获取结果集中的数据。如果想获取结果集中任意位置的数据，则需要在创建 Statement 对象时，设置两个 ResultSet 定义的常量，具体设置方式如下。

```
Statement st=conn.createStatement(
            ResultSet.TYPE_SCROLL_INSENSITIVE,
            ResultSet.CONCUR_READ_ONLY
);
ResultSet rs=st.executeQuery(sql);
```

在上述代码中，常量"ResultSet.TYPE_SCROLL_INSENSITIVE"表示结果集可滚动，常量"ResultSet.CONCUR_READ_ONLY"表示以只读形式打开结果集。接下来，通过示例 9-3 来演示如何使用 ResultSet 对象滚动读取结果集中的数据。

【示例 9-3】使用 ResultSet 对象读取结果集中指定的数据。

```java
package com.sjzlg.jdbc;
import java.sql.Connection;
import java.sql.DriverManager;
import java.sql.ResultSet;
import java.sql.SQLException;
import java.sql.Statement;
public class Example03{
    public static void main(String[]args){
        Connection conn=null;
        Statement stmt=null;
        try{
            Class.forName("com.mysql.jdbc.Driver");
            String url="jdbc:mysql://localhost:3306/test";
            String username="root";
            String password="1234";
            //获取 Connection 对象
            conn=DriverManager.getConnection(url,username,password);
            String sql="select*from users";
            //创建 Statement 对象并设置常量
            stmt=conn.createStatement(ResultSet.TYPE_SCROLL_INSENSITIVE,
                                ResultSet.CONCUR_READ_ONLY);
            //执行 SQL 并将获取的数据存放在结果集中
            ResultSet rs=stmt.executeQuery(sql);
            //读取结果集中指定的数据
            System.out.print("第 2 条数据的 name 值为：");
            rs.absolute(2);//将指针定位到结果集的第 2 行数据
            System.out.println(rs.getString("name"));
            System.out.print("第 1 条数据的 name 值为：");
            rs.beforeFirst();//将指针定位到结果集的第 1 行数据之前
            rs.next();
            System.out.println(rs.getString("name"));
            System.out.print("最后一条数据的 name 值为：");
```

```
                    rs.afterLast();
                    rs.previous();
                    System.out.println(rs.getString("name"));
            }catch(Exception e){
                e.printStackTrace();
            }
            finally{//释放资源
                if(stmt!=null){
                    try{
                        stmt.close();
                    }catch(SQLException e){
                        e.printStackTrace();
                    }
                    stmt=null;
                }
                if(conn!=null){
                    try{
                        conn.close();
                    }catch(SQLException e){
                        e.printStackTrace();
                    }
                    conn=null;
                }
            }
        }
    }
```

在示例 9-3 中，首先获取 Connection 对象来连接数据库，然后通过 Connection 对象创建 Statement 对象并设置所需的两个常量，接下来执行 SQL 语句，将获取的数据存放在结果集中，最后通过 ResultSet 对象的 absolute()方法读取结果集中指定的数据并输出。程序的运行结果如图 9-6 所示。

图 9-6　运行结果

从图 9-6 可以看出，程序输出了结果集中指定的数据。由此可见，结果集中的数据不仅可以按照顺序读取，而且可以指定读取的数据。

本章小结

本章主要讲解了 JDBC 的基本知识，包括什么是 JDBC、JDBC 的常用 API、如何使用 JDBC，以及如何在项目中使用 JDBC 实现对数据的增删改查等知识。通过本章的学习，读者可以知道什么是 JDBC，会使用 JDBC 的常用 API，能使用 JDBC 操作数据库，还能学会将 JDBC 与项目进行结合开发。读者可以自行思考，如果是学生成绩管理系统，如何实现对学生成绩的增删改查操作。

练习题

选择题

1. Java 中，JDBC 是指（   ）。
   A. Java 程序与数据库连接的一种机制 B. Java 程序与浏览器交互的一种机制
   C. Java 类库名称 D. Java 类编译程序
2. 在利用 JDBC 连接数据库时，为建立实际的网络连接，不必传递的参数是（   ）。
   A. URL B. 数据库用户名 C. 密码 D. IP 地址
3. JDBC 中要显式关闭连接的命令是（   ）。
   A. Connection.close() B. RecordSet.close()
   C. Connection.stop() D. Connection.release()

上机实战

实战 9-1　WorkShop 商品库存管理系统

需求说明

在 WorkShop 商品库中有着各种各样的商品，为了便于管理，会将商品信息记录在管理系统中的库存表单中统一管理，通过系统可以方便地对库存商品信息进行增删改查操作。其中，库存商品信息包括商品编号、商品名称、商品单价和计价单位等。本任务要求结合 JDBC 技术，连接 MySQL 数据库管理库存信息。

实现思路

（1）从需求说明中可知，要实现此任务，需要将项目与数据库连接起来，那么首先就需要有数据库及对应的数据表。所以需要在数据库中创建一个数据表，该数据表用于存储商品信息，然后在表中插入一条记录作为初始数据。

（2）有了数据库环境后，要想连接数据库，就需要在项目中导入数据库驱动。

（3）每次使用 JDBC 操作数据库时，需要加载数据库驱动、建立数据库连接及关闭数据库连接。为了避免代码的重复书写，可以建立一个专门用于操作数据库的工具类。

（4）创建完工具类后，接下来就可以编写相应的数据库访问类，从而实现对表中数据的增删改查等操作。

（5）编写完数据访问类后，就可以运行项目，对增删改查数据进行测试。

实战 9-1 参考解决方案

　参考解决方案可以在配套资源中获取或扫描二维码查看。

> **小提示**
>
> 在示例 9-2 代码的运行过程中可能会出现插入中文数据有乱码的情况，建议读者首先要确保数据库及表的编码方式一致，例如 UTF-8。另外需在连接数据库的配置 URL 部分进行以下设置：
>
> ```
> String url="jdbc:mysql://localhost:3306/workshop?characterEncoding=UTF-8";
> ```
>
> 修改后的工具类 JDBC.Utils.java 中的获取连接的方法如示例 9-4 所示。

【示例 9-4】 解决中文乱码。

```java
public static Connection getConnection()throws SQLException,
ClassNotFoundException{
  Class.forName("com.mysql.jdbc.Driver");

  String url="jdbc:mysql://localhost:3306/workshop?characterEncoding=UTF-8";
  String username="root";
  String password="1234";
  Connection conn=DriverManager.getConnection(url,username,password);
  return conn;
}
```

第 10 章　多线程

本章目标
- 会创建多线程。
- 知道线程的生命周期及其调度方式。
- 会使用同步代码块和同步方法。

10.1　线程概述

在日常生活中，很多事情人们都是可以同时进行的。例如，一个人可以一边开车，一边听音乐；可以一边吃东西，一边看电影。在使用计算机时，很多任务也是可以同时进行的。例如，可以一边打开 Word，一边用 QQ 聊天，同时打印文件等。帮助计算机同时完成多项任务的技术就是多线程技术。Java 是支持多线程的语言之一，它提供了对多线程技术的支持，可以使程序同时执行多个片段。

10.1.1　什么是进程

在学习线程之前，需要先了解一下什么是进程。在一个操作系统中，每个独立执行的程序都可称为一个进程，也就是"正在运行的程序"。目前大部分计算机上安装的都是多任务操作系统，即能够同时执行多个应用程序的操作系统，最常见的有 Windows、Linux、UNIX 等。在 Windows 操作系统下，打开任务管理器面板，在面板的【进程】选项卡中可以看到当前正在运行的程序，也就是系统所有的进程，如 Microsoft Word、腾讯 QQ 等。任务管理器面板如图 10-1 所示。

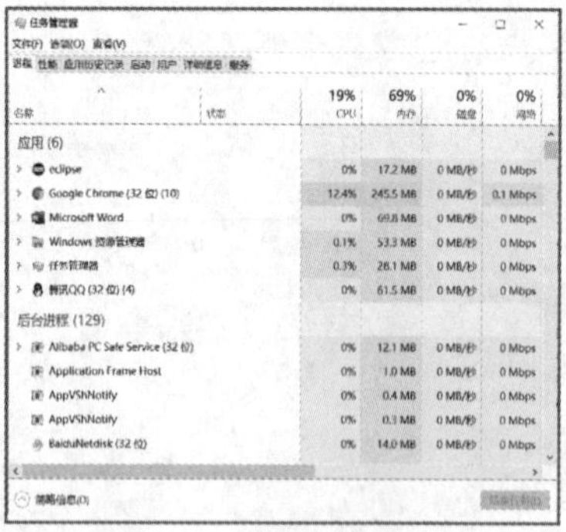

图 10-1　任务管理器面板

多任务操作系统表面上看是支持进程并发执行的，例如可以一边播放音乐，一边支持用 QQ 聊天，但实际上这些进程并不是同时运行的。在计算机中，所有的应用程序都是由 CPU 执行的。对于 CPU 而言，在某个时间点只能运行一个程序，也就是说只能执行一个进程。操作系统会为每一个进程分配一段有限的 CPU 使用时间，CPU 会在这段时间中执行某个进程，然后在下一段时间切换到另一个进程中去执行。由于 CPU 运行速度很快，能在极短的时间内在不同的进程之间进行切换，所以给人同时执行多个程序的感觉。

10.1.2 什么是线程

通过前面的内容可以知道，每个运行的程序都是一个进程，在一个进程中可以有多个执行单元同时运行。这些执行单元可以看作程序执行的一条条线索，被称为线程。操作系统的每一个进程中都至少存在一个线程。例如当一个 Java 程序启动时，就会产生一个进程，该进程中会默认创建一个线程，在这个线程上会运行 main()方法中的代码。

在前面介绍的程序中，代码都是按照调用顺序依次往下执行的，没有出现两端代码交替运行的情况，这样的程序称作单线程程序。单线程程序的执行过程如图 10-2 所示。如果希望程序中出现多段代码交替运行的情况，则需要创建多个线程，即多线程程序。所谓的多线程是指一个进程在执行过程中可以产生多个单线程，这些单线程程序在运行时是相互独立的，它们可以并发执行。多线程程序的执行过程（以两个线程为例）如图 10-3 所示。

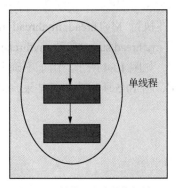

图 10-2　单线程程序的执行过程

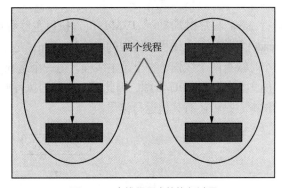

图 10-3　多线程程序的执行过程

一个进程中的线程可共享代码和数据空间，线程结束，进程不一定结束，但是进程结束，线程一定结束。进程中包含线程，线程是进程的组成部分。

10.2　在 Java 中实现多线程的方式

在 Java 中实现多线程的方式有如下 3 种。
（1）继承 Thread 类。
（2）实现 Runnable 接口。
（3）实现 Callable 接口（JDK 1.5 以上）。

10.2.1　继承 Thread 类

一个普通类继承 Thread 类，这个类就被称为具备多线程操作能力的类。具备多线程操作能力的类通常要求重写父类 Thread 中的 run()方法，在 run()方法中所编写的代码被称为线程体。示例 10-1 中的类因为继承 Thread 类而具备多线程操作的能力，线程类的使用如示例 10-2 所示。

【示例 10-1】继承 Thread 类来编写线程类。

```
package com.sjzlg.thread;
public class MyThread extends Thread{
    //重写 run()方法
    public void run(){
        System.out.println("MyThread 的 run 方法中的代码");
    }
}
```

【示例 10-2】线程类的使用。

```
package com.sjzlg.thread;
public class TestMyThread{
    //主方法负责 Java 程序的运行，也称为主线程
    public static void main(String[]args){
        //创建线程类的对象
        MyThread mythread=new MyThread();
        //启动线程
        mythread.start();
        System.out.println("**********main 方法中的代码");
    }
}
```

运行 Java 程序时启动了 JVM，负责执行主线程中的代码。在执行 MyThread mythread=new MyThread()之前有一个线程，线程的名称为 main，是主线程。使用 mythread.start()启动 mythread 线程，这个时候有两个线程，一个是主线程，另一个是 mythread 线程，如图 10-4 所示。由于不确定哪个线程能"抢占"到 CPU 资源，因此两句代码的执行顺序也不确定，图 10-5 所示为运行结果，读者可以尝试探索是否还有其他运行结果。

图 10-4 示例 10-2 两个线程的执行原理

图 10-5 示例 10-2 运行结果

在线程体中使用循环，程序的运行结果会更加明显，参见示例 10-3 和示例 10-4，它们的运行结果如图 10-6 所示。

【示例 10-3】在线程体中使用循环。

```
package com.sjzlg.thread;
public class MyThread2 extends Thread{
    //重写 run()方法
     public void run(){
     //编写线程体（线程所执行的代码）
        for(int i=0;i<10;i++){
        System.out.println("MyThread 的 run 方法重点的代码");
      }
   }
}
```

【示例 10-4】测试示例 10-3。

```
package com.sjzlg.thread;
public class TestMyThread2{
    public static void main(String[]args){
    MyThread2 mythread2=new MyThread2();
     //启动线程
    mythread2.start();
       for(int i=0;i<10;i++){
       System.out.println("**********main 方法中的代码");
     }
 }
}
```

 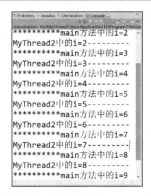

图 10-6　示例 10-3 和示例 10-4 的运行结果

从图 10-6 所示的运行结果可以看到，两个 for 循环中的输出语句轮流执行了，说明该文件实现了多线程。在多线程中 main()方法和 MyThread2 类的 run()方法可以同时运行，互不影响。

10.2.2　实现 Runnable 接口

第二种实现多线程的方式是让类实现 Runnable 接口，具备多线程操作的能力，如示例 10-5 所示。

【示例 10-5】使用 Runnable 接口启动线程。

```
package com.sjzlg.runnable;
public class MyRunnable implements Runnable{
    //必须实现接口中的 run()方法
    public void run(){
       for(int i=0;i<5;i++){
           System.out.println("MyRunnable 类中 run 方法中的 i="+i);
   }
```

            }
        }

Runnable 接口中没有定义 start()方法。要想启动线程，必须借助 Thread 类，Thread 类常用的构造方法如表 10-1 所示。

表 10-1　Thread 类常用的构造方法

构造方法	功能描述
Thread()	创建 Thread 对象
Thread(String name)	创建 Thread 对象，并给线程命名
Thread(Runnable target)	根据 Runnable 接口的实现类创建 Thread 对象
Thread(Runnable target，String name)	根据 Runnable 接口的实现类创建 Thread 对象，并给线程命名

可以使用 Thread 类的构造方法来启动一个实现 Runnable 接口的类中的线程，如示例 10-6 所示，其运行结果如图 10-7 所示。

【示例 10-6】使用 Thread 类的构造方法启动线程。

```java
package com.sjzlg.runnable;
public class TestMyRunnable{
    public static void main(String[]args){
        MyRunnable myRun=new MyRunnable();
        //创建线程类的对象
        Thread t=new Thread(myRun);
        t.start();
        //主线程中的代码
        for(int i=0;i<5;i++){
            System.out.println("-----------main 中的 i="+i);
        }
    }
}
```

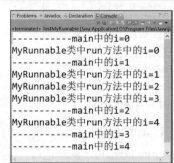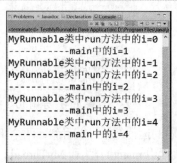

图 10-7　示例 10-6 的运行结果

继承 Thread 类和实现 Runnable 接口的区别如下。

Java 中的类具有单继承的特点，即如果一个类继承了 Thread 类，就不能再继承其他类了，所以继承 Thread 类实现多线程有一定的局限性。

通过实现 Runnable 接口来实现多线程的优点如下。

① 避免了单继承的局限性。

② 方便共享资源，同一份资源可以被多个代理访问。

有 3 个窗口共卖 200 张票，每个窗口有 100 个人排队，分别使用继承 Thread 类和实现 Runnable 接口实现购票功能。示例 10-7 使用继承 Thread 类的方式实现购票功能，运行结果如图 10-8 所示。

【示例 10-7】编写线程类以继承 Thread 类。

```
package com.sjzlg.ticket;
public class TicketThread extends Thread{
    public TicketThread(String name){
        super(name);
    }
    private int ticket=200;//共享资源 200 张票
    //重写 run()方法
    public void run(){
        //编写线程体——100 个人排队等待购票
        for(int i=0;i<100;i++){
            //判断是否有票
            if(ticket>0){
                System.out.println(super.getName()+"卖第"+(ticket--)+"张票");
            }
        }
    }
}
package com.sjzlg.ticket;
public class TestTicketThread{
    public static void main(String[]args){
        TicketThread t1=new TicketThread("A窗口");
        TicketThread t2=new TicketThread("B窗口");
        TicketThread t3=new TicketThread("C窗口");
        t1.start();
        t2.start();
        t3.start();
    }
}
```

```
<terminated> TestTicketThread [Java A
B窗口卖第200张票
C窗口卖第200张票
A窗口卖第200张票
C窗口卖第199张票
B窗口卖第199张票
C窗口卖第198张票
A窗口卖第199张票
C窗口卖第197张票
B窗口卖第198张票
C窗口卖第196张票
```

图 10-8 示例 10-7 的运行结果

从图 10-8 可以看到每个窗口都卖了一次第 200 张票，同一张票被不同窗口售卖，产生的原因是 3 个线程类的对象，每个对象都有一个独立的属性 ticket。

示例 10-8 通过实现 Runnable 接口的方式实现购票的功能，运行结果如图 10-9 所示。

【示例 10-8】编写线程类以实现 Runnable 接口。

```
package com.sjzlg.ticket;
public class TicketRunnable implements Runnable{
    private int ticket=200;//共享资源 200 张票
    @Override
    //重写 run()方法
```

```java
        public void run(){
            // 编写线程体——100个人排队等待购票
            for(int i=0;i<100;i++){
                //判断是否有票
                if(ticket>0){
                    System.out.println(Thread.currentThread().getName()+"卖第"+(ticket--)+"张票");
                }
            }
        }
    }
    package com.sjzlg.ticket;
    public class TestTicketRunnable{
        public static void main(String[]args){
            //创建线程类的对象
            TicketRunnable tr=new TicketRunnable();
            //创建3个代理类的对象
            Thread t1=new Thread(tr,"A窗口");
            Thread t2=new Thread(tr,"B窗口");
            Thread t3=new Thread(tr,"C窗口");
            t1.start();
            t2.start();
            t3.start();
        }
    }
```

```
<terminated> TestTicketRunnable [Java
C窗口卖第199张票
A窗口卖第200张票
B窗口卖第198张票
A窗口卖第196张票
C窗口卖第197张票
A窗口卖第194张票
B窗口卖第195张票
A窗口卖第192张票
C窗口卖第193张票
A窗口卖第190张票
```

图 10-9　示例 10-8 的运行结果

示例 10-8 通过实现 Runnable 接口来实现多线程，没有重复卖一张票的情况，达到了多个线程访问共享资源的目的。无论是继承 Thread 类还是实现 Runnable 接口，run()方法都是没有返回值的，而且如果在线程体中有异常需要抛出也是很难实现的。在 JDK 1.5 及之后的版本中实现多线程还可以使用第三种方式，那就是实现 Callable 接口，重写 call()方法。

10.2.3　实现 Callable 接口

Callable 接口从 JDK 1.5 开始，与通过实现 Runnable 接口实现多线程相比，实现 Callable 接口的方式支持泛型。call()方法可以有返回值，而且支持泛型的返回值，比 run()方法更强大的一点是还可以抛出异常。

Callable 接口中的 call()方法需要借助 FutureTask 类来获取结果。通过实现 Callable 接口实现多线程所需要的类与接口之间的关系如图 10-10 所示。图中的"I"代表接口，"C"代表类，开锁的符号代表访问权限是 public。

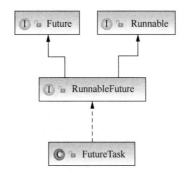

图 10-10　通过实现 Callable 接口实现多线程所需要的类与接口之间的关系

任务管理器 FutureTask 是 RunnableFuture 接口的实现类，而 RunnableFuture 接口又继承了 Future 接口和 Runnable 接口，所以任务管理器 FutureTask 也是 Runnable 接口的实现类。可通过创建任务管理器类的对象将 Callable 接口的实现类传入，从而实现多线程。通过实现 Callable 接口，实现多线程如示例 10-9 所示，其运行结果如图 10-11 所示。

【示例 10-9】通过实现 Callable 接口实现多线程。

```java
package com.sjzlg.callable;
import java.util.concurrent.Callable;
public class RandomCallable implements Callable<String>{
    @Override
    public String call()throws Exception{
        // 创建一个长度为 5 的 String 型的数组
        String[]array= {"apple","banana","orange","grape","pear"};
        int random=(int)(Math.random()*4)+1;//产生一个 1~4 的随机数
        return array[random];//根据产生的随机数获取数组中对应位置上的字符串
    }
}
```

测试类：

```java
package com.sjzlg.callable;
import java.util.concurrent.ExecutionException;
import java.util.concurrent.FutureTask;
public class TestCallable{
    public static void main(String[]args)throws InterruptedException, ExecutionException{
        // 创建任务
        RandomCallable rc=new RandomCallable();
        //创建任务管理器，将任务提交给任务管理器
        FutureTask<String>ft=new FutureTask<>(rc);
        //创建 Thread 类
        Thread t=new Thread(ft);//FutureTask 是 Runnable 接口的实现类
        System.out.println("任务是否已完成："+ft.isDone());
        //启动线程
        t.start();
        //获取返回值结果
        System.out.println(ft.get());
        System.out.println("任务是否已完成："+ft.isDone());
    }
}
```

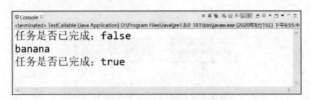

图 10-11 示例 10-9 的运行结果

在 start()方法之前，任务是没有完成的，因为还没有启动线程，所以 isDone()的结果为 false。当使用 get()方法获取结果后，说明任务完成了，因为只有结果出来任务才能结束，否则无论 get()方法后有多少句代码都不会执行。

10.3 线程的生命周期

在 Java 中，任何对象都有生命周期，线程也不例外，它也有自己的生命周期。当 Thread 对象创建完成时，线程的生命周期便开始了。当 run()方法中的代码正常执行完毕或者线程抛出一个未捕获的异常或者错误时，线程的生命周期便会结束。线程的整个生命周期可以分为 5 个状态，分别是新建（New）、就绪（Runnable）、运行（Running）、阻塞（Blocked）和死亡（Terminated），线程的不同状态表明了线程当前正在进行的活动。在程序中，通过一些操作，可以使线程在不同状态之间转换，如图 10-12 所示。

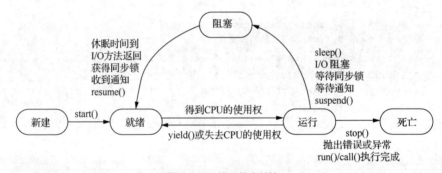

图 10-12 线程状态转换

图 10-12 所示为线程各种状态的转换关系，箭头表示可转换的方向。其中，单箭头表示状态只能单向转换，例如线程只能从新建状态转换到就绪状态，反之则不能；双箭头表示两种状态可以互相转换，例如就绪状态和运行状态可以互相转换。本节重点介绍常用的几个线程方法，下面针对线程生命周期的 5 种状态分别进行详细讲解，具体如下。

1. 新建

新建一个线程对象后，该线程对象就处于新建状态。此时它不能运行，与其他 Java 对象一样，仅仅由 JVM 为其分配了内存，没有表现出任何线程的动态特征。

2. 就绪

当线程对象调用了 start()方法后，该线程就进入就绪状态。处于就绪状态的线程位于线程队列中，此时它只具备了运行的条件，能否获得 CPU 的使用权并开始运行，还需要等待系统的调度。

3. 运行

如果处于就绪状态的线程获得了 CPU 的使用权，并开始执行 run()方法中的线程体，则此时该线程处于运行状态。线程启动后，可能不会一直处于运行状态，当运行状态的线程使用完系统分配的时间后，系统就会剥夺该线程占用的 CPU 资源，让其他线程获得执行的机会。需要注意的是，只有处于就绪状态的线程才可能转换到运行状态。

4. 阻塞

一个正在执行的线程在某些特殊情况下，如被人为挂起或执行耗时的 I/O 操作时，会让出 CPU 的使用权并暂时中止自己的执行，进入阻塞状态。处于运行状态的线程在调用了 join()、sleep()、wait() 或者等待 I/O 时，线程则进入阻塞状态，此时，阻塞的线程不能进入排队队列。只有当引起阻塞的问题被消除后，线程才可以重新进入就绪状态，等待系统的调度。

5. 死亡

当线程调用 stop() 方法或 run() 方法正常执行完毕后，或者线程抛出一个未捕获的异常、错误，线程就会进入死亡状态。一旦进入死亡状态，线程将不再拥有运行的资格，也不能再转换到其他状态。

10.4 线程的常用方法

Thread 类提供了很多线程的方法，本节将围绕线程的常用方法进行详细的讲解。

10.4.1 线程的优先级

在应用程序中，如果要对线程进行调度，最直接的方式就是设置线程的优先级。优先级越高的线程获得 CPU 使用权的机会越大，而优先级越低的线程获得 CPU 使用权的机会越小。线程的优先级用范围为 1~10 的整数来表示，数字越大优先级越高。除了可以直接使用数字表示线程的优先级，还可以使用 Thread 类中提供的 3 个静态常量表示线程的优先级，如表 10-2 所示。

表 10-2 Thread 类的静态常量

静态常量	功能描述
static int MAX_PRIORITY	表示线程的最高优先级，值为 10
static int MIN_PRIORITY	表示线程的最低优先级，值为 1
static int NORM_PRIORITY	表示线程的普通优先级，值为 5

线程的优先级不是固定不变的，可以通过 Thread 类的 setPriority(int newPriority) 方法对其进行设置。该方法的参数接收的是 1~10 的整数或 Thread 类的 3 个静态常量，如示例 10-10 所示。

【示例 10-10】线程的优先级测试。

```
package com.sjzlg.priority;
class Task implements Runnable{
    public void run(){
        for(int i=0;i<10;i++){
            System.out.println(Thread.currentThread().getName()+"正在输出"+i);
        }
    }
}
public class PriorityTest{
    public static void main(String[]args){

        Thread t1=new Thread(new Task(),"优先级较低的线程");
```

```
        Thread t2=new Thread(new Task(),"优先级较高的线程");
        t1.setPriority(1);   //设置线程的优先级为1
        t2.setPriority(10);  //设置线程的优先级为10
        t1.start();
        t2.start();
    }
}
```

运行结果如图 10-13 所示。

图 10-13　运行结果

小提示

虽然 Java 中提供了 10 个线程优先级，但是这些优先级的设置需要操作系统的支持。不同的操作系统对优先级设置的支持是不一样的，最后的执行结果不会与 Java 中线程优先级一一对应。因此，在设计多线程应用程序时，其功能的实现一定不能依赖于线程的优先级，而只能把设置线程的优先级作为一种提高程序运行效率的手段。

10.4.2　线程活动状态判断

使用 isAlive()方法判断线程是否处于活动状态，如示例 10-11 所示。

【**示例 10-11**】判断线程是否处于活动状态。

```
package com.sjzlg.method;
class ThreadAlive implements Runnable{
    @Override
    public void run(){
        for(int i=0;i<5;i++){
            System.out.println(Thread.currentThread().getName()+" i="+i+"----");
        }
    }
}
public class TestAlive{
    public static void main(String[]args){
        Thread t=new Thread(new ThreadAlive(),"测试线程");
        System.out.println("线程启动前是否处于活动状态："+t.isAlive());
        t.start();
        System.out.println("线程启动后是否处于活动状态："+t.isAlive());
        for(int i=0;i<5;i++){
            System.out.println(Thread.currentThread().getName()+"  i="+i);
        }
```

```
            System.out.println("主线程结束,测试线程是否处于活动状态: "+t.isAlive());
    }
}
```

运行结果如图 10-14 所示。

```
线程启动前是否处于活动状态：false
线程启动后是否处于活动状态：true
main     i=0
main     i=1
main     i=2
main     i=3
main     i=4
主线程结束,测试线程是否处于活动状态：true
测试线程    i=0----
测试线程    i=1----
测试线程    i=2----
测试线程    i=3----
测试线程    i=4----
```

图 10-14 运行结果

使用 new 关键字创建线程类的对象后，线程还未处于活动状态，所以 isAlive()的结果为 false。当调用 start()方法启动线程后，线程处于就绪状态。处于就绪状态的线程即处于活动状态，所以 isAlive()的结果为 true。在图 10-14 中，"主线程结束，测试线程是否处于活动状态："的结果取决于主线程与测试线程谁先执行结束，图 10-14 中显然主线程先结束，因此测试线程依然处于活动状态。还有一种情况，就是测试线程先结束，主线程后结束，此时测试线程处于非活动状态，这种情况请读者自行测试。

10.4.3 线程休眠

如果希望人为地控制线程，使正在执行的线程暂停，将 CPU 使用权让给别的线程，可以使用静态方法 sleep(long millis)。该方法可以让当前正在执行的线程暂停一段时间，使线程休眠，进入阻塞状态。当前线程调用 sleep()方法后，在指定时间（参数 millis）内该线程是不会执行的，这样其他线程就可以得到执行的机会了。

sleep(long millis)方法声明会抛出 InterruptedException，因此在调用该方法时应该捕获异常，或者声明抛出该异常，如示例 10-12 所示。

【示例 10-12】线程休眠。

```
package com.sjzlg.method;
class TaskSleep implements Runnable{
    public void run(){
        for(int i=1;i<=5;i++){
            try{
                if(i==3){
                    Thread.sleep(1000);//当前线程休眠1秒
                }else{
                    Thread.sleep(500);
                }
                System.out.println(Thread.currentThread().getName()+"正在输出："+i);
            }catch(Exception e){
                e.printStackTrace();
            }
```

```
            }
        }
    }
    public class TestSleep{
        public static void main(String[]args)throws Exception{
            Thread t=new Thread(new TaskSleep(),"线程一");
            t.start();
            for(int i=1;i<=5;i++){
                if(i==2){
                    Thread.sleep(1000);//当前main主线程休眠1秒
                }else{
                    Thread.sleep(500);
                }
                System.out.println("main主线程正在输出: "+i);
            }
        }
    }
```

运行结果如图 10-15 所示。

图 10-15 运行结果

从图 10-15 所示的运行结果来看，当一个线程休眠时，另一个线程将获得执行机会，于是出现了 main 主线程与线程交替执行并输出的情况。需要注意的是，sleep()是静态方法，只能使当前正在运行的线程休眠，而不能使其他线程休眠。当休眠时间结束后，线程就会返回到就绪状态，而不是立即开始运行。

10.4.4 线程让步

线程让步是指正在执行的线程，在某些情况下将 CPU 使用权让给其他线程。线程让步可以通过 yield()方法来实现，该方法和 sleep()方法相似，都可以让当前正在执行的线程暂停，区别在于 yield() 方法不会阻塞该线程，它只是使线程进入就绪状态，让系统的调度器重新调度一次。当某个线程调用 yield()方法之后，只有与当前线程优先级相同或者优先级更高的线程才能获得执行的机会，如示例 10-13 所示。

【示例 10-13】线程让步。

```
package com.sjzlg.method;
class ThreadYield extends Thread{
    public ThreadYield(String name){
        super(name);
    }
    public void run(){
        for(int i=0;i<6;i++){
```

```
            System.out.println(Thread.currentThread().getName()+"-----"+i);
            if(i==3){
                System.out.println("线程: "+Thread.currentThread().getName()+ "让步! ");
                Thread.yield();//线程运行到此，做出让步
            }
        }
    }
}
public class TestYield{
    public static void main(String[]args){
        //开启两个线程
        Thread t1=new ThreadYield("线程一");
        Thread t2=new ThreadYield("线程二");
        t1.start();
        t2.start();
    }
}
```

运行结果如图 10-16 所示。

图 10-16　运行结果

从图 10-16 所示的运行结果可以看出，当线程一输出 3 以后，会做出让步，线程二会继续执行。同样，线程二输出 3 后，也会让步，由于线程一已经结束，因此线程二会继续执行。每次执行结果可能不同，请读者自行测试。

10.4.5　线程插队

现实生活中有时能遇到插队的情况，同样，在 Thread 类中也提供了 join()方法来实现这个插队功能。当在某个线程中调用其他线程的 join()方法时，调用的线程将被阻塞，直到被 join()方法插入的线程执行完成后它才会继续运行，如示例 10-14 所示。

【示例 10-14】线程插队。

```
package com.sjzlg.method;
class ThreadJoin implements Runnable{
    public void run(){
        for(int i=1;i<6;i++){
            System.out.println(Thread.currentThread().getName()+"输出"+i);
            try{
                Thread.sleep(500);//线程休眠500毫秒
            }catch(InterruptedException e){
```

```java
            e.printStackTrace();
        }
    }
}
public class TestJoin{
    public static void main(String[]args) throws Exception{
        Thread t1=new Thread(new ThreadJoin(),"线程一");
        t1.start();
        for(int i=1;i<6;i++){
            System.out.println(Thread.currentThread().getName()+"输出: "+i);
            if(i==2){
                System.out.println("线程一开始插队！");
                t1.join();//线程一插队
            }
            Thread.sleep(500);
        }
    }
}
```

运行结果如图 10-17 所示。

图 10-17　运行结果

在图 10-17 所示的运行结果中，在 main 线程中启动了线程一，两个线程的循环体中都调用了 Thread 的 sleep(500)方法，以实现两个线程的交替执行。当 main 线程中的循环变量为 2 时，线程一调用 join()方法，这时，线程一就会"插队"，被优先执行。从运行结果可以看出，当 main 线程输出 2 以后，线程一开始执行，直到线程一执行完毕，main 线程才继续执行。

10.5　多线程同步与死锁

多线程的并发执行可以提高程序的运行效率，但是，当多个线程访问同一资源时，可能会引发一些安全问题。例如，当统计一个教室的学生人数时，如果总有同学进进出出，就很难统计正确。为了解决这样的问题，需要实现多线程的同步，即限制某个资源在某一时刻只能被一个线程访问。

10.5.1　线程安全问题

模拟 4 个售票窗口出售 10 张票，如示例 10-15 所示，运行结果如图 10-18 所示。
【示例 10-15】模拟售票窗口。

```java
package com.sjzlg.ticket;
```

```
class TicketWindow implements Runnable{
    private int tickets=10;//10张票
    public void run(){
        while(tickets>0){
            try{
                Thread.sleep(10);//线程休眠10毫秒
            }catch(InterruptedException e){
                e.printStackTrace();
            }
            System.out.println(Thread.currentThread().getName()+"---卖出的票"+ tickets--);
        }
    }
}
public class TicketWindowTest{
    public static void main(String[]args){
        TicketWindow tw=new TicketWindow();//创建线程的任务类对象
        new Thread(tw,"窗口1").start();//创建线程并命名为窗口1，启动线程
        new Thread(tw,"窗口2").start();//创建线程并命名为窗口2，启动线程
        new Thread(tw,"窗口3").start();//创建线程并命名为窗口3，启动线程
        new Thread(tw,"窗口4").start();//创建线程并命名为窗口4，启动线程
    }
}
```

在图10-18中，最后售出的票的票号出现了0和负数，还有的窗口重复卖同一张票，这种现象是不应该出现的。之所以出现了负数的票号，是因为多线程在售票时出现了安全问题。在售票程序的while循环中添加了sleep()方法，这样就模拟了售票过程中线程的延迟。由于线程有延迟，当票号减为1时，假设窗口1此时出售1号票，对票号进行判断后，进入while循环，在售票之前通过sleep()方法让线程休眠，这时窗口2会进行售票，由于此时票号仍为1，因此窗口2也会进入循环。同理，4个线程都会进入while循环，休眠结束后，4个线程都会进行售票，这样就相当于将票号减了4次，导致结果中出现了0、-1这样的票号。

图10-18 运行结果

10.5.2 同步

当多个线程操作共享资源时需要使用同步的方式来解决，即将共享资源对象"上锁"，如图10-19所示。

同步的意思可以理解为完成一个功能需要N句代码，必须在这N句代码一同执行完毕后，其他的线程才可以再执行这个操作。同步操作也被称为"锁对象"。

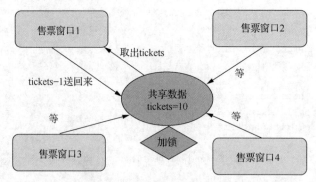

图 10-19 同步操作卖票过程的分析

要执行一次售票的功能，就必须判断 tickets 是否大于 0，然后执行 tickets--。这是卖一张票的完整的过程，所以必须在这个过程涉及的全部代码执行完毕后，才允许其他线程再从判断 tickets 是否大于 0 开始，所以从判断到 tickets--的过程需要同步。

同步分为同步代码块和同步方法。

（1）同步代码块，语法结构如下所示：

```
synchronized(obj){
}
```

（2）同步方法，语法结构如下所示：

```
访问权限修饰符 synchronized 返回值类型 方法名称(形参列表) {
}
```

同步代码块 synchronized(obj){ }中的 obj 称为同步监视器，同步代码块中的同步监视器可以是任何对象，但是推荐将共享资源作为同步监视器。示例 10-16 中的同步监视器是当前对象 this。同步方法中无须指定同步监视器，因为同步方法的监视器只能是当前对象 this。

同步监视器的执行过程如下。

第一个线程访问，锁定同步监视器，执行其中的代码；第二个线程访问，发现同步监视器被锁定，无法访问。第一个线程访问完毕，解锁同步监视器；第二个线程访问，发现同步监视器未被锁定，便对其进行锁定并执行其中的代码。

同步锁定的是共享资源的对象。

使用同步代码块和同步方法实现售票如示例 10-16 和示例 10-17 所示，运行结果分别如图 10-20 和图 10-21 所示。

【示例 10-16】使用同步代码块实现售票。

```java
package com.sjzlg.ticket;
class TicketWindow1 implements Runnable{
    private int tickets=10;//10张票
    public void run(){
        while(true){
            synchronized(this){    //定义同步代码块
                try{
                    Thread.sleep(100);//线程休眠100毫秒
                }catch(InterruptedException e){
                    e.printStackTrace();
                }
                if(tickets>0){
                    System.out.println(Thread.currentThread().getName()+"--- 卖出的票
```

```
"+tickets--);
                }else{
                    break;
                }
            }
        }
    }
    public class TicketWindowTest1{
        public static void main(String[]args){
            TicketWindow1 tw=new TicketWindow1();//创建线程的任务类对象
            new Thread(tw,"窗口1").start();//创建线程并命名为窗口1，启动线程
            new Thread(tw,"窗口2").start();//创建线程并命名为窗口2，启动线程
            new Thread(tw,"窗口3").start();//创建线程并命名为窗口3，启动线程
            new Thread(tw,"窗口4").start();//创建线程并命名为窗口4，启动线程
        }
    }
```

从图 10-20 所示的运行结果可以看出，售出的票的票号不再出现 0 和负数的情况，这是因为售票的代码实现了同步，之前出现的线程安全问题得以解决。运行结果中没有出现窗口 2 和窗口 3 的输出结果，这种现象也很正常，因为线程获得锁对象有一定的随机性，窗口 2 和窗口 3 在程序运行期间未获得锁对象，所以没有显示它们的输出结果。

图 10-20　示例 10-16 的运行结果

【示例 10-17】使用同步方法实现售票。

```
package com.sjzlg.ticket;
class TicketWindow2 implements Runnable{
    private int tickets=10;//10张票
    public void run(){
        while(true){
            sellTicket();
        }
    }
    //定义同步方法
    public synchronized void sellTicket(){
        try{
            Thread.sleep(100);//线程休眠100毫秒
        }catch(InterruptedException e){
            e.printStackTrace();
        }
        if(tickets>0){
            System.out.println(Thread.currentThread().getName()+"---卖出的票"+tickets--);
```

```
            }else{
                System.exit(0);
            }
        }
    }
}
public class TicketWindowTest2{
    public static void main(String[]args){
        TicketWindow2 tw=new TicketWindow2();//创建线程的任务类对象
        new Thread(tw,"窗口1").start();//创建线程并命名为窗口1，启动线程
        new Thread(tw,"窗口2").start();//创建线程并命名为窗口2，启动线程
        new Thread(tw,"窗口3").start();//创建线程并命名为窗口3，启动线程
        new Thread(tw,"窗口4").start();//创建线程并命名为窗口4，启动线程
    }
}
```

将售票代码抽取为售票方法 sellTicket()，并用 synchronized 关键字把 sellTicket()修饰为同步方法，然后在 run()方法中调用该方法。图 10-21 所示的运行结果同样没有出现 0 和负数的票号，说明同步方法实现了和同步代码块同样的效果。

图 10-21 示例 10-17 的运行结果

用同步代码块和同步方法解决多线程问题有好处也有弊端。同步解决了多个线程同时访问共享数据时的线程安全问题，只要加上同一个锁，在同一时间内只能有一个线程执行。但是线程在执行同步代码时每次都会判断锁的状态，非常消耗资源，效率较低。

小提示

10.5.3 线程死锁

同步可以提高多个线程操作共享数据的安全性，但也降低了操作的效率。同步有一定的优点，但过多的同步将导致死锁。

例如小张和小王是同学，小张拿了小王的帽子，小王拿了小张的手套，小张让小王先还自己的手套，小王让小张先还自己的帽子，双方僵持不下，小张也拿不到手套，小王也拿不到帽子，这就是生活中的死锁，如示例 10-18 所示。

【示例 10-18】生活中的死锁。

```
package com.sjzlg.deadLock;
class DeadLockThread implements Runnable{
    //定义Object类型的cap锁对象
    static Object cap=new Object();
    //定义Object类型的glove锁对象
```

```java
        static Object glove=new Object();
        private boolean flag;
        DeadLockThread(boolean flag){//定义有参的构造方法
            this.flag=flag;
        }
        public void run(){
            if(flag){
                while(true){
                    //cap锁对象上的同步代码块
                    synchronized(cap){
                        System.out.println(Thread.currentThread().getName()+"----先给我手套！");
                        //glove锁对象上的同步代码块
                        synchronized(glove){
                            System.out.println(Thread.currentThread().getName()+ "----先给我帽子！");
                        }
                    }
                }
            }else{
                while(true){
                    //glove锁对象上的同步代码块
                    synchronized(glove){
                        System.out.println(Thread.currentThread().getName()+"----先给我帽子！");
                        synchronized(cap){
                            System.out.println(Thread.currentThread().getName()+ "----先给我手套！");
                        }
                    }
                }
            }
        }
    }
    public class DeadLockTest{
        public static void main(String[]args){
            // 创建两个DeadLockThread对象
            DeadLockThread dl1=new DeadLockThread(true);
            DeadLockThread dl2=new DeadLockThread(false);
            //创建并开启两个线程
            new Thread(dl1,"小张").start();
            new Thread(dl2,"小王").start();
        }
    }
```

运行结果如图 10-22 所示。

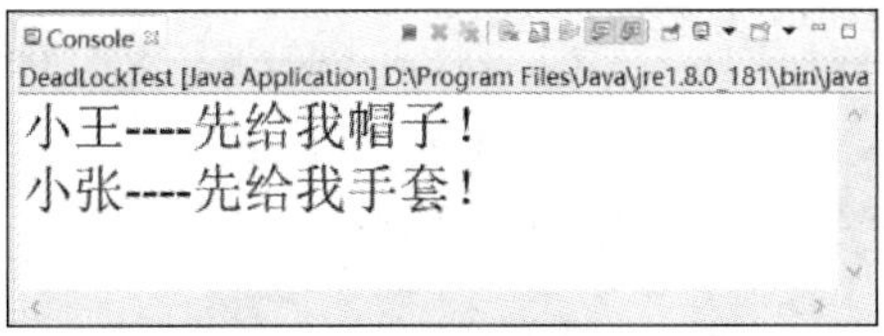

图 10-22 示例 10-18 的运行结果

【任务 10-1】银行存取款程序设计

【任务描述】

编写一个模拟银行存款的程序。假设有储户去银行反复在同一个账户存取款。要求储户每存一次钱，账户余额就相应增加，每取一次钱，余额就相应减少，并能够查询当前账户的余额。运行结果如图 10-23 所示。

```
<terminated> TestBank [Java]
余额不足
账户余额0
余额不足
账户余额0
存进200
账户余额200
取出100
账户余额100
取出100
```

图 10-23　运行结果

【任务目标】

- 学会分析银行存取款程序的实现思路。
- 根据思路独立完成银行存取款程序的源代码编写、编译和运行工作。
- 通过存款程序理解多线程安全问题的发生原因，并掌握如何解决多线程安全问题。

【实现思路】

（1）通过任务描述和运行结果可以看出，该任务需要使用多线程相关知识来实现。由于储户反复操作同一账户，因此要创建两个线程来完成存取款操作，这两个线程分别是存钱和取钱。

（2）由于银行账户为共享数据，因此将账户声明为 final 类型，并将存款线程和取款线程设计为匿名类。该任务涉及两个类，即银行类、测试类。

（3）为了避免存取款过程中账户余额出现不正常情况，也就是避免多线程并发问题，需要将相应方法定义为同步方法。

【实现代码】

（1）创建银行类，实现账户的存取款功能，关键代码如下。

```java
package com.sjzlg.com.chap10.task01;
public class Bank{
    //账户余额
    private int sum=0;
    //存钱
    public synchronized void addMoney(int money){
        sum+=money;
        System.out.println("存进"+money);
    }
    //取钱
    public synchronized void subMoney(int money){
        if(sum-money<0){
            System.out.println("余额不足");
            return;
```

```
        }else{
            sum-=money;
            System.out.println("取出"+money);
        }
    }
    //查询余额
    public void lookMoney(){
        System.out.println("账户余额"+sum);
    }
}
```

（2）创建测试类，关键代码如下。

```
package com.sjzlg.com.chap10.task01;
public class TestBank{
    public static void main(String[]args){
        //共享bank对象
        final Bank bank=new Bank();
        //创建存款线程对象,注意其为匿名类
        Thread tadd=new Thread(new Runnable(){
            public void run(){
                try{
                    Thread.sleep(100);
                }catch(InterruptedException e){
                    e.printStackTrace();
                }
                bank.addMoney(200);
                bank.lookMoney();
            }

        });
        //创建取款线程对象,注意其为匿名类
        Thread tsub=new Thread(new Runnable(){
            public void run(){
                while(true){
                    bank.subMoney(100);
                    bank.lookMoney();
                    try{
                        Thread.sleep(100);
                    }catch(InterruptedException e){
                        e.printStackTrace();
                    }
                }
            }
        });
        tadd.start();
        tsub.start();
    }
}
```

本章小结

本章主要介绍了多线程的实现方式、线程的生命周期、线程的调度方式及多线程同步与死锁。通过本章的学习，读者可以对多线程技术有较为深入的了解，并对多线程的实现、调度及同步做到熟练掌握。

练习题

选择题

1. 下列关于 Java 线程的说法正确的是（　　）。
   A. 每一个 Java 线程可以看成由代码、真实的 CPU 及数据 3 部分组成
   B. 创建线程的两种方法中，从 Thread 类中继承方式可以防止出现多父类的问题
   C. Thread 类属于 java.util 程序包
   D. 可使用 new Thread(new X()).run() 方法启动一个线程

2. 以下选项中可以填写到横线处，让代码正确编译和运行的是（　　）。

```
public class Test implements Runnable{
    public static void main(String[]args){
        _____
        t.start();
        System.out.println("main");
    }
    public void run(){
        System.out.println("thread!");
    }
}
```

   A. Thread t=new Thread(new Test());   B. Test t=new Test();
   C. Thread t=new Test();   D. Thread t=new Thread();

3. 使用如下代码可创建一个新线程并启动线程，4 个选项中可以保证正确创建 target 对象并能编译正确的是（　　）。

```
public static void main(String[]args){
    Runnable target=new MyRunnable();
    Thread myThread=new Thread(target);
}
```

   A. public class MyRunnable extends Runnable{
          public void run(){ }
      }
   B. public class MyRunnable extends Runnable{
          void run(){ }
      }
   C. public class MyRunnable implements Runnable{
          public void run(){ }
      }
   D. public class MyRunnable implements Runnable{
          void run(){ }
      }

4. 当线程调用 start() 后，其所处状态为（　　）。
   A. 阻塞状态   B. 运行状态   C. 就绪状态   D. 新建状态

5. 下列关于 Thread 类提供的线程控制方法的说法中，错误的是（　　）。
   A. 线程 A 中执行线程 B 的 join() 方法，则线程 A 等待，直到 B 执行完成

B. 线程 A 通过调用 interrupt()方法来中断其阻塞状态

C. 若线程 A 调用方法 isAlive()的返回值为 false，则说明 A 正在执行中，或处于可运行状态

D. currentThread()方法可返回当前线程的引用

6. 以下选项中关于 Java 中线程控制方法的说法正确的是（　　）。

A. join()的作用是阻塞指定线程，等到另一个线程完成以后再继续执行

B. sleep()的作用是让当前正在执行的线程暂停，此时线程将处于就绪状态

C. yield()的作用是使线程停止运行一段时间，此时线程将处于就绪状态

D. yield()的作用是使线程停止运行一段时间，此时线程将处于阻塞状态

7. 在多个线程访问同一资源时，可以使用（　　）关键字来实现线程同步，从而保证对资源的安全访问。

A. synchronized　　B. transient　　C. static　　D. yield

上机实战

实战 10-1　龟兔赛跑程序

? 需求说明

（1）两个线程每次分别执行使乌龟前行 10 米与使兔子前行 10 米的代码。一方先前行 100 米结束程序，并显示获胜信息。

（2）思考：如何修改程序才能让兔子稳拿冠军？

? 实现思路

（1）编写一个赛跑线程，实现每次前进 10 米。

（2）编写两个线程并启动，一个代表乌龟，另一个代表兔子。

（3）判断谁先到达终点，并显示获胜信息。

实战 10-1 参考解决方案

参考解决方案可以在配套资源中获取或扫描二维码查看。

第 11 章 Java 网络编程

本章目标
- 了解基础网络结构。
- 理解 IP 地址、端口、TCP、UDP 基础概念。
- 会编写 UDP 通信的 Java 程序。
- 会编写 TCP 通信的 Java 程序。

11.1 网络通信基础

11.1.1 网络通信的意义

计算机网络是指将不同地理位置的各类计算机通过通信线路连接起来形成的网络。

随着网络技术的不断发展，单机程序已经越来越不能满足人们的生产和生活需要，软件大多需要网络通信功能，网络通信已成为系统交互中不可缺少的一部分。

11.1.2 IP 地址和端口号

计算机网络中的每一台计算机都有其物理位置，如"中国河北省石家庄市 WorkShop 工作室"。但在网络通信中，计算机能够相互找到对方位置并不是靠物理地址，而是靠网络中的标识号，这个标识号就叫作"IP 地址"。

IP 地址目前使用广泛的版本是 IPv4（第 4 版互联网协议），它是由 4 个字节，即 32 位二进制数来唯一标识的一个地址，如 1011 1111 1001 1000 0000 0001 0000 0001。为了方便记忆和处理，通常采取"点分十进制"法将 IP 地址拆分成 4 组，每组代表一个范围为 0~255 的十进制数字，每组数字之间用字符.间隔。例如上例点分之后变为 1011 1111.1001 1000.0000 0001.0000 0001，再将每组数字转化为十进制，即 192.168.1.1。

随着计算机网络的不断发展，加入网络的计算机越来越多，IPv4 地址越来越不够使用，面临地址"枯竭"的问题。为了解决这个问题，互联网工程任务组（Internet Engineering Task Force，IETF）设计了用于替代 IPv4 的下一代 IP，即 IPv6（第 6 版互联网协议）。IPv6 采用 16 个字节，即 128 位二进制数来标识一个 IP 地址，不再使用"点分十进制"，而是使用"冒分十六进制"，即由冒号将 128 位二进制数分为 8 段，每段由十六进制表示。

通过 IP 地址可以找到计算机网络中确定的唯一一台计算机，但如果想和此计算机中某个应用软件（如 QQ、微信等）进行通信，还需要指定"端口号"。端口号采用两个字节即 16 位二进制数来标识，通常为了方便记忆和处理直接使用十进制来表示，即 0～65535。其中 0～1023 的端口号由操作系统使用，普通应用程序使用 1024～65535 的端口号，每个端口号唯一对应着一个应用程序。

> 小技巧
>
> 可以通过命令来查看本机 IP 地址。若用户使用的是 Windows 操作系统，在命令提示符窗口下输入 ipconfig（若使用的是 macOS/Linux 操作系统，在终端输入 ifconfig）就可以快速查看本机的 IP 地址，如图 11-1 所示。

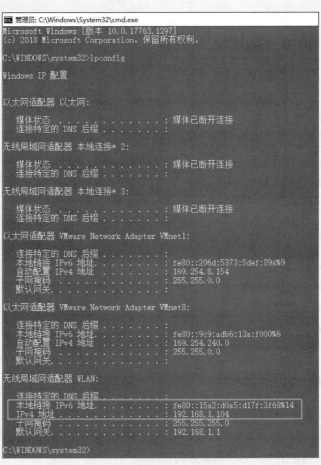

图 11-1　查询本机 IP 地址结果

11.1.3　网络通信协议

计算机网络中的各台计算机设备生产厂家所生产设备的型号甚至使用的操作系统均不相同，为了保证这些计算机可以无障碍地通信，必须约定一套大家都遵守的网络通信规则，这个规则就是网络通信协议。

网络通信协议包含众多版本的众多协议，这里主要介绍两个通信协议，TCP（Transmission Control Protocol，传输控制协议）和 UDP（User Datagram Protocol，用户数据报协议）。

- TCP 是面向连接的、可靠的、基于字节流的传输协议。
- UDP 是无连接的、不可靠的、基于数据报的传输协议。

TCP 的优点是可提供可靠的服务，但对网络系统资源要求较高，实时性较差。相对来说，UDP 实时性高，对网络系统资源要求低，但不能保证可靠交付。所以，当数据传输的性能必须让位于数据传输的完整性、可控制性和可靠性时，TCP 是最好的选择；当强调传输性能而不是传输的完整性时，UDP 是最好的选择。

TCP 常见应用场景：文件传输、邮件发送、网页浏览。

UDP 常见应用场景：视频直播、实时游戏、以物联网为代表的各类嵌入式小微系统应用。

11.2 IP 地址的 Java 实现

11.2.1 java.net 包

为了在 Java 程序中实现 11.1 节所描述的网络通信功能，Java 官方为我们提供了 java.net 包。java.net 包里包含实现网络应用程序编程所需的类和接口，java.net 包中共有 8 个接口、38 个实现类（其中包括抽象类）。java.net 包可以大致分为如下两个部分。

（1）低级 API，用于处理以下抽象。
- 地址：网络标识符，如 IP 地址。
- 套接字：基本双向数据通信机制。
- 接口：用于描述网络接口。

（2）高级 API，用于处理以下抽象。
- URI：表示统一资源标识符。
- URL：表示统一资源定位符。
- 连接：表示到 URL 所指向资源的连接。

本书重点讲解低级 API 相关部分。

11.2.2 InetAddress 类

InetAddress 类是 java.net 包中专门处理网络 IP 地址相关数据的类，它有两个子类，即用于 IPv4 地址的 Inet4Address 和用于 IPv6 地址的 Inet6Address。但是，在大多数情况下，不必直接处理子类，因为 InetAddress 抽象实现了大多数必需的功能。

InetAddress 类没有公开的构造方法，所以不能直接创建对象，但可以通过 InetAddress 类的静态方法获得 InetAddress 的对象。常用的静态方法有 InetAddress.getLocalHost()和 InetAddress.getByName (String host)。获得了 InetAddress 对象后可以调用其成员方法 getHostAddress()来获取 InetAddress 对象对应的 IP 地址，调用其成员方法 getHostName()来获取 InetAddress 对象对应的主机名。InetAddress 类的常用方法如表 11-1 所示。

表 11-1 InetAddress 类的常用方法

序号	返回值类型	方法名/参数	方法描述
1	InetAddress	getLocalHost()	创建本机的 InetAddress 对象
2	InetAddress	getByName(String host)	创建以参数 host 为主机名的 InetAddress 对象
3	String	getHostAddress()	获取 InetAddress 对象的 IP 地址,以字符串类型返回
4	String	getHostName()	获取 InetAddress 对象的主机名,以字符串类型返回

接下来,通过示例 11-1 来演示 InetAddress 类的常用方法。

【示例 11-1】InetAddress 类的常用方法。

```
//导入java.net 库
import java.net.InetAddress;
public class Ip{
  public static void main(String[]args) throws Exception{
    //获取本机 InetAddress 对象
    InetAddress host=InetAddress.getLocalHost();
    //获取 www.baidu.com 的 InetAddress 对象
    InetAddress remote=InetAddress.getByName("www.baidu.com");
    //分别输出之前获取的两个 InetAddress 对象的 IP 地址和主机名
    System.out.println("本机IP地址"+host.getHostAddress());
    System.out.println("远端IP地址"+remote.getHostAddress());
    System.out.println("本机主机名"+host.getHostName());
    System.out.println("远端主机名"+remote.getHostName());
  }
}
```

运行结果如图 11-2 所示。

```
本机IP地址192.168.1.101
远端IP地址104.193.88.123
本机主机名appletekiiMac.local
远端主机名www.baidu.com

Process finished with exit code 0
```

图 11-2 示例 11-1 的运行结果

小提示

并非所有系统都支持 IPv6。当 Java 网络连接堆栈尝试检测 IPv6 并在可用时透明地使用它时,还可以利用系统属性禁用它。在 IPv6 不可用或被显式禁用的情况下,Inet6Address 对大多数网络连接操作都不再是有效参数。虽然可以保证在查找主机名时 java.net.InetAddress.getByName(String host)之类的方法不返回 Inet6Address,但仍然可能通过传递字面值来创建此类对象。在此情况下,大多数方法在调用 Inet6Address 对象时都将抛出异常。

11.3 UDP 通信的 Java 实现

11.3.1 DatagramPacket 类与 DatagramSocket 类

11.1.3 小节介绍了 UDP 是一种无连接的协议，因此发送端和接收端是对等的两端，即发送端也随时可以接收数据，而接收端也随时可以发送数据。

发送端的逻辑类似我们发送快递，首先我们要将发送的数据"打包"，写明要发送的地址，然后将包裹"邮寄"出去。而接收端的逻辑类似我们接收快递，首先在指定的地址拿到包裹，然后"拆包"获取实际要接收的数据。

在 Java 中要实现"数据打包"和"数据拆包"，通常使用 java.net 包中的 DatagramPacket 类，而要实现"数据发送"和"数据接收"，通常使用 java.net 包中的 DatagramSocket 类。下面分别介绍这两个类。

DatagramPacket 类的常用构造方法如表 11-2 所示。

表 11-2 DatagramPacket 类的常用构造方法

方法	功能描述
DatagramPacket(byte[]buf,int length)	将长度为 length 的数据包 buf 构造成 DatagramPacket 类对象，由于没有指定 IP 地址和端口号，通常用于接收数据
DatagramPacket(byte[]buf,int length, InetAddress address,int port)	将长度为 length 的数据包 buf 构造成 DatagramPacket 类对象，指定发送地址为 address，端口为 port，常用于发送数据

DatagramPacket 类的常用成员方法如表 11-3 所示。

表 11-3 DatagramPacket 类的常用成员方法

方法	功能描述
InetAddress getAddress()	返回 DatagramPacket 类对象中的 IP 地址
byte[]getData()	返回 DatagramPacket 类对象中发送或接收的数据
int getLength()	返回将要发送或者接收的数据的长度
int getPort()	返回 DatagramPacket 类对象中的 IP 地址

DatagramSocket 类的常用构造方法如表 11-4 所示。

表 11-4 DatagramSocket 类的常用构造方法

方法	功能描述
DatagramSocket()	构造成 DatagramSocket 类对象，并由系统分配一个可用的端口
DatagramSocket(int port)	构造成 DatagramSocket 类对象，并使用指定的端口 port
DatagramSocket(int port，InetAddress addr)	构造成 DatagramSocket 类对象，并使用指定的 IP 地址 addr，及指定端口 port

通常情况下，创建 DatagramSocket 类对象时会默认使用本机 IP 地址，所以无须显式地指定 IP 地址，但如果本机上有多个网卡，则需要在创建 DatagramSocket 类对象时显式地指定 IP 地址。

DatagramSocket 类的常用成员方法如表 11-5 所示。

表 11-5 DatagramSocket 类的常用成员方法

方法	功能描述
void receive(DatagramPacket p)	接收数据包并将接收到的数据填充到 DatagramPacket 类对象 p 中。在接收到数据之前程序一直处于阻塞状态
void send(DatagramPacket p)	发送 DatagramPacket 类对象 p，p 应当包含数据、数据长度、IP 地址及端口号
void close()	关闭当前 DatagramSocket 类对象，释放资源

11.3.2 UDP 通信

本节通过简单的示例演示如何使用 Java 程序实现 UDP 通信。要实现 UDP 通信就要有两个端，在 UDP 中两端是对等的，但为了避免发送数据时没有接收端及时接收而导致丢包，应当首先启动接收端。接收端代码如示例 11-2 所示。

【示例 11-2】UDP 通信接收端。

```java
//导入java.net 包
import java.net.*;
public class UdpReceiver{
    public static void main(String[]args) throws Exception{
        byte[]buf=new byte[1024];
        //创建 DatagramPacket 类对象
        DatagramPacket dpReceiver=new DatagramPacket(buf,buf.length);
        //创建 DatagramSocket 类对象
        DatagramSocket dsReceiver=new DatagramSocket(8888);
        System.out.println("等待接收数据");
        //调用 DatagramSocket 类对象接收数据的方法，接收到数据前程序进入阻塞状态
        dsReceiver.receive(dpReceiver);
        //使用接收到的数据构建字符串
        String str="从地址"+dpReceiver.getAddress()
                +"端口"+dpReceiver.getPort()
                +"发送来长度为"+dpReceiver.getLength()+"的数据"
                +new String(dpReceiver.getData());
        //输出字符串
        System.out.println(str);
        dsReceiver.close();
    }
}
```

接收端程序运行之后会输出"等待接收数据"，如图 11-3 所示，然后在运行 receive()方法时进入阻塞状态。

图 11-3 等待接收数据

这时就可以启动 UDP 发送端程序。发送端代码如示例 11-3 所示。

【示例 11-3】UDP 通信发送端。

```java
//导入java.net 包
import java.net.*;
public class UdpSender{
    public static void main(String[]args) throws Exception{
        String str= "hello world";
        byte[]buf=str.getBytes();
        //创建 DatagramPacket 类对象，包含目的 IP 地址及端口号
        DatagramPacket dpSender=new
```

```
            DatagramPacket(buf,buf.length,InetAddress.getLocalHost(),8888);
        //创建 DatagramSocket 类对象
        DatagramSocket dsSender=new DatagramSocket(3000);
        //调用 DatagramSocket 类对象发送数据的方法
        dsSender.send(dpSender);
        System.out.println("数据发送");
        dsSender.close();
    }
}
```

运行结果如图 11-4 所示。

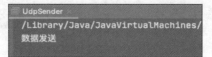

图 11-4　发送端程序的运行结果

在发送端程序运行之后，原本处于阻塞状态的接收端程序接收到数据，receive()方法返回结果，程序按顺序向下执行，接收数据并输出，如图 11-5 所示。

图 11-5　接收数据并输出

小提示

本小节示例中使用了 8888 及 3000 端口，这两个端口在示例 11-3 中没有被其他程序所占用，所以可以正常运行，但如果之前已经被其他程序使用则会报错。遇到这种情况可以先查看当前计算机的端口占用情况，可以在命令提示符窗口下运行"netstat -anb"命令来查看相关情况，如图 11-6 所示。

图 11-6　查看端口占用情况

11.4　TCP 通信的 Java 实现

11.4.1　ServerSocket 类与 Socket 类

11.1.3 小节介绍了 TCP 是一种面向连接的协议，通信的两端并非对等的，而是严格区分服务器端和客户端的。

通常在 Java 中使用 java.net 包中的 ServerSocket 类来处理服务器端程序，使用 java.net 包中的 Socket 类来处理客户端程序，下面就分别讲解这两个类。

ServerSocket 类的常用构造方法如表 11-6 所示。

表 11–6　ServerSocket 类的常用构造方法

方法	功能描述
ServerSocket( )	构造一个 ServerSocket 类对象但不绑定任何端口，需要在后面的程序中调用方法绑定端口后才能正常使用
ServerSocket(int port)	构造一个 ServerSocket 类对象，绑定参数 port 指定的端口
ServerSocket(int port,int backlog)	构造一个 ServerSocket 类对象，绑定参数 port 指定的端口，同时指定可以保持连接的客户端数量为 backlog，若不指定默认为 50 个
ServerSocket(int port,int backlog,InetAddress bindAddr)	构造一个 ServerSocket 类对象，绑定参数 port 指定的端口，同时指定可以保持连接的客户端数量为参数 backlog，并且绑定时将 IP 地址作为参数

通常情况下创建 ServerSocket 类对象时会默认使用本机 IP 地址，所以无须显式地指定 IP 地址，但如果本机上有多个网卡，则需要在创建 ServerSocket 类对象时显式地指定 IP 地址。

ServerSocket 类的常用成员方法如表 11-7 所示。

表 11–7　ServerSocket 类的常用成员方法

方法	功能描述
ServerSocket accept( )	侦听客户端的连接并返回一个与之对应的 Socket 类对象，如果等不到客户端连接则程序一直处于阻塞状态
InetAddress getInetAddress( )	将 ServerSocket 类对象绑定的 IP 地址返回并封装成 InetAddress 类对象

通常使用 ServerSocket 类来处理服务器端程序，而使用 Socket 类来处理客户端程序。Socket 类的常用构造方法如表 11-8 所示。

表 11–8　Socket 类的常用构造方法

方法	功能描述
Socket( )	构造一个 Socket 类对象，没有绑定 IP 地址和端口号，如需绑定后使用，可使用下面带参方法
Socket(InetAddress address,int port)	构造一个 Socket 类对象，同时绑定需要连接的 IP 地址和端口号，构造对象时会自动发起连接

Socket 类的常用成员方法如表 11-9 所示。

表 11-9 Socket 类的常用成员方法

方法	功能描述
OutputStream getOutputStream()	返回一个输出流对象，客户端的输出即对服务器端进行输入，服务器端的输出即对客户端进行输入
InputStream getInputStream()	返回一个输入流对象，客户端的输入即对服务器端进行输出，服务器端的输入即对客户端进行输出
void close()	关闭 Socket 类对象，释放资源

客户端和服务器端建立连接后，数据以 I/O 流的形式进行交互。一端输出的数据就是另一端输入的数据；反之，一端输入的数据就是另一端输出的数据，如图 11-7 所示。

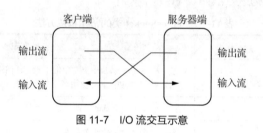

图 11-7 I/O 流交互示意

11.4.2　TCP 通信

本小节通过简单的示例演示如何使用 Java 程序实现 TCP 通信。要实现通信就要有两个端，在 TCP 中两端是不对等的，会严格区分服务器端和客户端，而且要先建立双方的可靠连接才可以进行通信。所以，应当首先启动服务器端。服务器端代码如示例 11-4 所示。

【示例 11-4】TCP 通信服务器端。

```java
public class TcpServer{
    public static void main(String[]args) throws Exception{
        //创建 ServerSocket 类对象，并绑定端口 8888
        ServerSocket server=new ServerSocket(8888);
        System.out.println("服务器端等待连接");
        //调用 ServerSocket 类对象的 accept()方法等待客户端连接，同时阻塞程序
        Socket client=server.accept();
        //建立客户端输出数据的通道
        OutputStream os=client.getOutputStream();
        System.out.println("打开客户端连接");
        //向客户端写入数据
        os.write("WorkShop 欢迎您".getBytes());
        System.out.println("关闭客户端连接");
        os.close();
        client.close();
    }
}
```

服务器端程序运行之后会输出"服务器端等待连接"，如图 11-8 所示，然后在运行 accept()方法时进入阻塞状态。

第 11 章　Java 网络编程

图 11-8　等待连接

这时就可以启动客户端程序，建立连接。客户端代码如示例 11-5 所示。

【示例 11-5】TCP 通信客户端。

```java
//导入java.net包
import java.net.*;
import java.io.*;
public class TcpClient{
    public static void main(String[]args) throws Exception{
        //创建Socket类对象，并绑定本机IP地址及8888端口
        Socket client=new Socket(InetAddress.getLocalHost(),8888);
        //建立客户端输入数据的通道
        InputStream is=client.getInputStream();
        byte[]buf=new byte[1024];
        //读取数据
        int len=is.read(buf);
        //转化为字符串
        String str=new String(buf);
        //输出数据
        System.out.println(str);
        client.close();
        is.close();
    }
}
```

运行结果如图 11-9 所示。

在客户端程序运行之后，原本处于阻塞状态的服务器端程序和客户端程序建立了连接，accept()方法返回结果，程序按顺序向下执行，并将字符串"WorkShop 欢迎您"写入客户端，客户端接收到数据后将数据输出，便得到了图 11-9 所示的结果。服务器端程序的运行结果如图 11-10 所示。

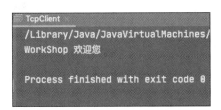

图 11-9　客户端程序的运行结果

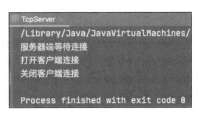

图 11-10　服务器端程序的运行结果

本章小结

本章讲解了 Java 网络编程的相关知识。首先简要介绍了网络通信协议的相关知识，然后着重介

229

绍了与 UDP 网络编程相关的 DatagramSocket、DatagramPacket 类，并讲解了 TCP 网络编程中相关的 ServerSocket、Socket 类。通过本章的学习，读者要了解网络编程相关的知识，并能够掌握 UDP 网络程序和 TCP 网络程序的编写方法。

练习题

填空题

1. _____是无连接的，_____是面向连接的。通常情况下，直播更适合使用_____，文件传输更适合使用_____。
2. 在 TCP/IP 中，_____可以唯一标识一台计算机，它又分为_____和_____，在 Java 中通常使用_____包中的_____类处理它。
3. 在 UDP 通信中，通信的两端是_____的，在 Java 中通常使用_____类来负责数据的打包和解包，使用_____类来负责数据的接收和发送。
4. 在 TCP 通信中，严格区分_____端和_____端，通常使用_____类来处理服务器端程序，使用_____类来处理客户端程序。

上机实战

实战 11-1　UDP 两端聊天程序

❓ 需求说明

通过 UDP 可实现通信并可以相互作为发送端及接收端，发送聊天内容。

❓ 实现思路

（1）构造发送端与接收端的 DatagramPacket 类与 DatagramSocket 类，并且设置交互端口，实现 IP 互通。

（2）为了使两端可以反复通信，必须设置循环以确保双方程序不会自动中断。同时，当需要中断聊天程序时，需要设置跳出循环的条件。

（3）采集用户输入并能够发送和接收消息。

📁 参考解决方案可以在配套资源中获取或扫描二维码查看。

实战 11-1 参考解决方案

实战 11-2　使用 TCP 实现文件传输

❓ 需求说明

TCP 的典型应用——文件传输。在 TCP 通信中服务器端与客户端是通过 I/O 流的形式实现通信的，那么，结合之前学习的 I/O 流的知识，只需一端把文件读入之后发送过去，另一端接收到 I/O 流之后再写入文件即可。

❓ 实现思路

(1)构造服务器端和客户端的 ServerSocket 类与 Socket 类,并且设置交互端口,实现 IP 互通。
(2)构造 I/O 流读入文件并输出。
(3)采集输入并写入文件。

参考解决方案可以在配套资源中获取或扫描二维码查看。

实战 11-2 参考解决方案